ELİNİZİN ALTINDAKİ GERÇEKLER

BULUŞLAR VE TEKNOLOJİ
HAVACILIK VE UZAY

Çeviri: **Erdem Acar**

TÜBİTAK
Popüler Bilim Kitapları

TÜBİTAK Popüler Bilim Kitapları 749

Elinizin Altındaki Gerçekler - Buluşlar ve Teknoloji - Havacılık ve Uzay
Facts at Your Fingertips - Invention and Technology - Air and Space
Editör: Tom Jackson

Çeviri: Erdem Acar
Redaksiyon: Selda Somuncuoğlu
Türkçe Metnin Bilimsel Danışmanı: Hasan Çifci

© Brown Bear Books Ltd., 2012
Brown Bear tarafından yayımlanmıştır.
Brown Bear Books Ltd., First Floor, 9-17 St Albans Place, London, N1 0NX,
United Kingdom tarafından projelendirilmiş ve üretilmiştir.

Türkçe Yayın Hakkı © Türkiye Bilimsel ve Teknolojik Araştırma Kurumu, 2013

Bu kitabın bütün hakları saklıdır. Yazılar ve görsel malzemeler,
izin alınmadan tümüyle veya kısmen yayımlanamaz.

TÜBİTAK Popüler Bilim Kitapları'nın seçimi ve değerlendirilmesi
TÜBİTAK Kitaplar Yayın Danışma Kurulu tarafından yapılmaktadır.

ISBN 978 - 605 - 312 - 001 - 8
Yayıncı Sertifika No: 15368

1. Basım Haziran 2015 (5000 adet)
2. Basım Ağustos 2019 (5000 adet)

Genel Yayın Yönetmeni: Bekir Çengelci
Mali Koordinatör: Adem Polat
Telif İşleri Sorumlusu: Esra Tok Kılıç

Yayıma Hazırlayan: Şermin Korkusuz Aslan
Basım Hazırlık ve Son Kontrol: Umut Hasdemir
Sayfa Düzeni: Elnârâ Ahmetzâde
Basım İzleme: Duran Akca

TÜBİTAK
Kitaplar Müdürlüğü
Akay Caddesi No: 6 Bakanlıklar Ankara
Tel: (312) 298 96 51 Faks: (312) 428 32 40
e-posta: kitap@tubitak.gov.tr
esatis.tubitak.gov.tr

Fersa Matbaacılık Pazarlama San. ve Tic. Ltd. Şti.
Ostim 36. Sokak No: 5/C-D Yenimahalle Ankara
Tel: (312) 386 17 00 Faks: (312) 386 17 04 Sertifika No: 16216

İÇİNDEKİLER

Kanatsız Uçmak	4
Pervaneler Çağı	12
Jet Çağı	22
Uzay Çağı	36
Başka Dünyaları Keşfetmek	50
Dönüm Noktaları	60
Sözlük	62
Dizin	63

KANATSIZ UÇMAK

İnsanlar yüzlerce yıl gökyüzüne bakmış, kuşlara imrenmiş ve bir gün uçabilmenin hayalini kurmuşlardır.

İlk uçuş denemelerinde sıcak hava balonları gibi, havadan hafif olduğu için uçabilen araçlar kullanılmıştır. Havadan ağır araçların motor gücüyle uçması ise çok daha sonra gerçekleşmiştir.

İlk uçuşların gerçekleşebilmesi için önce hava ve gazların özellikleriyle ilgili araştırmalarda ilerleme kaydedilmesi gerekiyordu. Anglo-İrlandalı kimyager Robert Boyle (1627-1691) gibi öncülerin çalışmaları sayesinde insanlar gazların farklı

Sıcak hava balonlarının yönlendirilmesi zordur, rüzgâr nereye sürüklerse oraya giderler. Fakat birçok insan muhteşem manzaraların keyfini çıkarmak için sıcak hava balonuyla uçar.

HAVACILIK VE UZAY

İLK BALON PİLOTLARI

Nazca halkı MÖ 500 ile MS 900 yılları arasında Güney Amerika'daki Peru'nun kıyılarına yakın çöllere devasa şekiller çizmiştir. Bu devasa hayvan resimlerinin birçoğu sadece havadan görülebilir. Bazı bilim insanları bu eski uygarlığın insanlarının, çizdikleri resimleri görmek için balonla uçtuklarına inanıyor. Nazca çömlekçileri kap kacakları balon ve uçurtma resimleriyle süslemiştir. Nazca dokumalarında, uçan insan resimleri vardır. Günümüz balon üreticilerinden biri 1970'lerde Nazca halkının dokuduğu kumaşları incelemiş ve eski çağlardan kalma kumaşların şirketin ürettiği kumaşlardan daha sıkı bir örgü yapısına sahip olduğunu, yani sıcak hava balonu yapmaya uygun olduğunu ortaya koymuştur. 1975'te Miami Uluslararası Kâşifler Topluluğu, Peru tasarımlarını ve malzemelerini kullanarak *Condor I* isimli balonu yaptı. Balon kuru odun yakılarak elde edilen sıcak havayla dolduruldu. Yukarıda bahsi geçen dev sanat eserlerinin yakınında bulunan yanık kayaların oluşturduğu daireler, yüzyıllar önce benzer amaçla yakılmış ateşlerin izleri olabilir. *Condor I* yerden 116 m yükselmiş, birkaç dakika sonra güvenli bir şekilde inmiştir. Bu, eski Peruluların uçmayı bildiğini kanıtlamasa da bunun ihtimal dahilinde olduğunu gösteriyor.

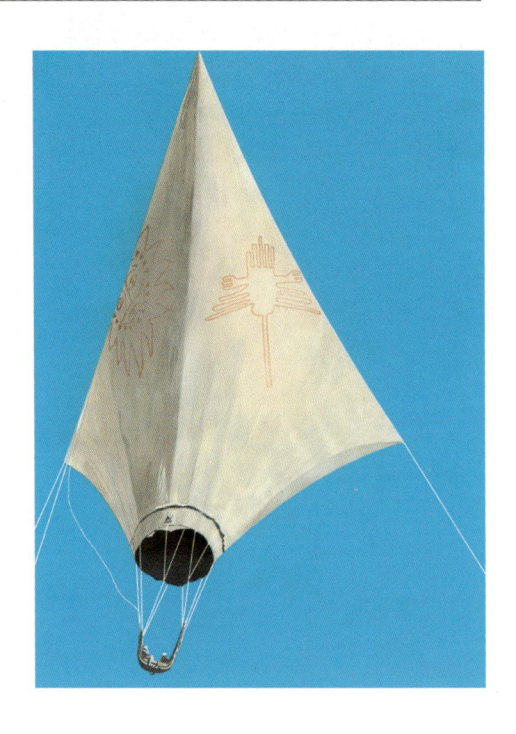

Condor I'i saz demetlerinden yapılmış bir sepette oturan iki kişilik mürettebat denedi.

ağırlıklarda olduğunu, "balonun" içindeki gazın dışındaki gazdan daha hafif olması durumunda yükselebileceğini fark etti.

Montgolfier Kardeşler

1783 yılında güneşli bir haziran günü, Fransız kardeşler Joseph-Michel Montgolfier (1740-1810) ile Jacques-Étienne Montgolfier (1745-1799) Fransa'nın güneyinde, Annonay bölgesindeki bir pazar yerinde yeni buluşlarını sergiledi. Kardeşler özel olarak tasarlanmış bir torbanın altında saman ve odun yaktıktan sonra heyecanlı seyirciler, hayretle Batı dünyasının ilk sıcak hava balonunun yerden 910 m yükselişini izledi. Birkaç ay sonra

DOĞU ASYA'DAKİ BALONLAR

Çinli çocuklar yaklaşık 2000 yıl önce, yaptıkları küçük sıcak hava balonlarıyla oyun oynarlardı. Tarih kitaplarında çocukların yumurta kabuklarının içine yerleştirdikleri birkaç kuru dalı yakarak uçurdukları anlatılır. Yüzyıllar sonra, 1200'lerde Orta Asya'nın geniş ovalarında Moğol ordusu toplanma noktalarını işaretlemek üzere ejderha şeklinde sıcak hava balonları uçurmuştur. Batı dünyasında ise ilk sıcak hava balonu bundan yaklaşık 500 yıl sonra uçuruldu.

KANATSIZ UÇMAK

gösteriyi Fransa kralı ve kraliçesi önünde de sergilediler fakat bu kez balonun altına yerleştirilen bir sepet içinde birkaç çiftlik hayvanını da uçurdular. Bundan birkaç ay sonra balonlar insanları uçurmaya başladı.

Hava gemisinin icadı

İlk sıcak hava balonlarını yönlendirmek mümkün değildi. Balonun sepetine sığacak kadar küçük ve hafif bir güç kaynağı yoktu. Yere bağlanmadıklarında balonların akıbeti rüzgârın insafına kalıyordu.

Serbestçe süzülen, kontrol edilebilir bir balonun kazandıracağı avantajlar açıktı. 19. yüzyıla doğru gücü yeten her ordu "hava gemisi" geliştirmek için çalışmalarını hızlandırdı. Fransızların öncü çabaları göz önüne alındığında, böyle bir hava

Fransa'nın Annonay bölgesinde Montgolfier Kardeşler'in ilk balon uçuşu kalabalık bir seyirci kitlesi tarafından izlenmişti.

aracının mucidinin Henri Giffard (1825-1882) adlı bir Fransız mühendis olması şaşırtıcı değildir.

Giffard 1852'de dünyanın ilk "yönlendirilebilen hava gemisini" tasarladı. Balon şeklindeki normal torba yerine, puro şeklinde uzun, hidrojen dolu bir gaz torbası kullanılmıştı. Yönlendirilebilen hava gemisi 150 kg ağırlığındaki buhar motoruyla çalışıyordu, bu nedenle Giffard 44 m uzunluğunda bir gaz torbası kullanmak zorunda kaldı. Paris'ten başladığı ilk uçuşunda 27 km yol katetti, hızı saatte 10 km'ye ulaştı.

İLK İNSANLI UÇUŞ

Montgolfier Kardeşler'in 1783 yılındaki Versay gösterisinde bir koyun, bir ördek ve bir tavuk gökyüzüne gönderilmişti. (Hayvanlar sağ salim döndü ama Noel yemeğinde ikram edilmekten kurtulamadılar.) Gösteri, daha sonra bir sıcak hava balonuyla uçan ilk insanlar olarak tarihe geçecek olan Marquis d'Arlandes (1742-1809) ve yakın arkadaşı François Pilâtre de Rozier (1757-1785) tarafından da izlenmişti. 1783 yılı Kasım ayında havanın serin ve açık olduğu bir gün, d'Arlandes ve Rozier bir Montgolfier balonuyla Paris semalarına yükseldi. Şehir üzerinde yaptıkları 9 km'lik yolculuk büyük yankı uyandırdı. Sonunda balon Paris eteklerinde bir tarlaya indiğinde, bir grup çiftçi bu iki maceracının Tanrı tarafından gönderilen melekler olduğuna inanarak diz çöküp dua etmeye başladı.

HAVACILIK VE UZAY

BALONLARDAN FAYDALANMAK

Balonların başlangıçta 18. yüzyılın tekdüze yaşamına eğlenceli kaçamaklar sağlamaktan başka bir yararı yoktu. Fakat biri, yere bağlanabilen balonları kendi yararına kullanabileceğinin farkına vardı. Bu kişi daha sonra Fransa imparatoru olacak ve dünyanın ilk askerî hava gücünü kuracak olan Fransız general Napolyon Bonapart'tı (1769-1821). *Aérostiers* olarak bilinen yere bağlı balonların cesur kullanıcıları düşman birliklerinin yerini ortaya çıkararak Fransız ordusuna büyük bir üstünlük sağladı. Takip eden yüzyılın büyük bölümünde bu tür balonlar Amerikan İç Savaşı'nın (1861-1865) tarafları da dahil, birçok orduda bu amaçla kullanıldı.

Intrepid olarak adlandırılan hidrojen balonu Amerikan İç Savaşı sırasında gözetim birimi tarafından şişiriliyor. Balondaki gözcü, düşman kuvvetlerinin hareketlerini rapor ediyordu.

Giffard'ın hava gemisi ne yazık ki hiçbir zaman istenen güce ulaşamadı. Saatte en fazla 9,5 km hıza erişebilen her hava aracı saatte 11 km hızla esen rüzgârda kontrolden çıkardı. Yine de araç sıradan balonla karşılaştırıldığında önemli bir gelişme kaydetmişti.

Bu durum 1872'de Alman mühendis Paul Haenlein'in kendi icat ettiği, oldukça hafif olan içten yanmalı motoru, yönlendirilebilen hava gemisine takmasıyla iyileştirildi. Haenlein ağırlıktan tasarruf etmek için yakıt olarak süper hafif hidrojen gazını kullanmıştı ancak bu uygulama aracın alçalmaya başlamadan önce katedebileceği mesafeyi azaltıyordu. 1883'te Fransız kardeşler Albert ve Gaston Tissandier elektrik motoruyla çalışan hava gemisini uçuran ilk insanlar oldu.

BİLİMSEL TERİMLER

- **atom** Maddenin en küçük yapıtaşı.
- **hidrojen** Havadan hafif son derece yanıcı gaz.
- **içten yanmalı motor** Otomobillerde ve kamyonlarda kullanılan motor sistemi.
- **yoğunluk** Birim hacimdeki madde miktarı.

KANATSIZ UÇMAK

Graf Zeppelin (LZ-127) 1928 ile 1937 yılları arasında 590 uçuş ve 1 milyon km'den fazla yol yaptı. 1940 yılında parçalandı.

HİDROJEN BALONU

1783'te balonu şişirmek için kullanılan tek şey sıcak hava değildi. Montgolfier Kardeşler'in ilk sıcak hava balonu gösterisinden sadece altı ay sonra Fransız fizikçi Jacques-Alexandre Charles (1746-1823), meslektaşı Fransız Nicolas Robert ile bir uçuş yaptı. En hafif gaz olan hidrojenle dolu balonla gökyüzünde yaklaşık 1,6 km yükseldiler –o anlarda, "Nereden kalkıştık bu işe," diye düşünmüş olabilirler. Charles ve Robert nihayet güvenli bir şekilde yere indi. Daha sonra ilk denemedeki korkularını unutup çok sayıda uçuş yaptılar.

Zeplinler

Yönlendirilebilen en büyük hava gemisinin tasarımcısı Kont Ferdinand von Zeppelin'dir (1838-1917). Zeppelin, Prusya (Almanya) ordusunda süvariydi. Amerikan İç Savaşı'nda da Birlik Ordusu'nda gönüllü olarak hizmet verdi. ABD'de sıcak hava balonlarıyla uçtu. Hayatının kalan kısmını daha büyük ve daha iyi uçabilen makineler tasarlamaya adadı. Zeppelin gaz torbasına hafif bir iskelet ekleyerek sağlamlığını artırdı, "hava gemisinin" daha yüksek hızlarda da kontrol edilebilmesini sağladı.

Zeppelin, hava gemisinin ilk uçuşunu 2 Temmuz 1900'de Almanya'daki Constance Gölü üzerinde yaptı.

HAVACILIK VE UZAY

TOPLUM VE BULUŞLAR

Balonlar ve hava gemileri neden uçar?

Hava gemileri ve balonlar uçabilmek için onları Dünya'ya çeken yerçekimi kuvvetine karşı koyacak bir kaldırma kuvveti üretmek zorundadır. Montgolfier Kardeşler sıcak havanın yükseldiğini, yani bir balonu sıcak gazla doldurarak yerden yükseltebileceklerini biliyordu. Etrafımızı saran havayı ısıttıklarında atomlardan meydana gelen çok küçük gaz parçacıkları hızla hareket etmeye ve yayılmaya başlıyordu. Yani balonun içindeki hava, balonun etrafındaki soğuk havadan daha az yoğun hâle geliyordu. Böylece balon etrafını saran havadan daha hafif oluyordu ve gökyüzüne doğru havalanıyordu. İçindeki hava soğuyunca balon tekrar yere iniyordu. Jacques-Alexandre Charles da havadan hafif araçların uçuş ilkelerini biliyordu. Fakat Charles balonu, özelliği gereği normal sıcaklıkta da havadan daha az yoğun bir gazla doldurarak gökyüzüne çıkarmanın mümkün olması gerektiğini düşünüyordu. Örneğin helyum ve hidrojen gibi gazlar havayı oluşturan oksijen ve nitrojen gazlarına kıyasla daha küçük ve hafif parçacıklardan oluşuyordu.

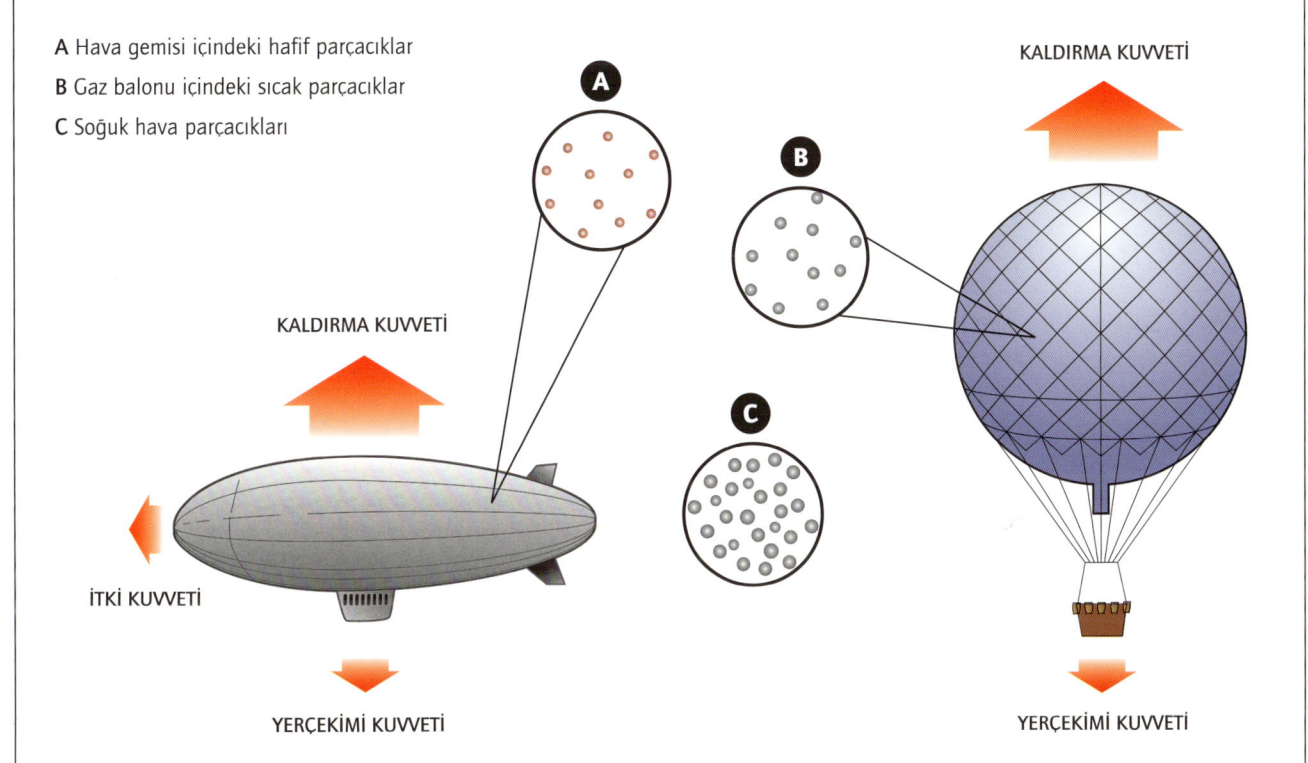

A Hava gemisi içindeki hafif parçacıklar
B Gaz balonu içindeki sıcak parçacıklar
C Soğuk hava parçacıkları

Balon veya hava gemisine etkiyen kaldırma kuvveti yerçekimi kuvvetinden daha büyük olduğunda, hava aracı yukarı doğru hareket edecektir.

Hava gemisinin motoru da, aracı hava içinde ileri doğru iten başka bir kuvvet -itki kuvveti- oluşturur.

KANATSIZ UÇMAK

Uçuş, *Luftschiff Zeppelin 1 (LZ-1)* göle düşene kadar sadece 17 dakika sürdü. Zeppelin'in ilk başarılı uçuşu *LZ-4* ile sekiz yıl sonra gerçekleşti. *LZ-4* zamanının en büyük hava gemisiydi. 136 metrelik olağanüstü bir uzunluğa sahipti ve yükselmesi için 14.000 m³ hidrojen gerekiyordu. 4 Temmuz 1908'de *LZ-4* İsviçre üzerinde saatte 60 km hızla kesintisiz 12 saat uçtu. Sonunda havada seyahat elverişli ve kontrol edilebilir hâle gelmişti.

1910 ile Birinci Dünya Savaşı'nın patlak verdiği 1914 arasında 34.000 kişi Zeppelin hava gemisiyle seyahat etmenin tadını çıkarmıştı. Savaş hava gemisi üretimini artırdı; Almanya 88 adet askerî hava gemisi üreterek zamanın hava gemisi tasarımı ve üretiminde dünya lideri oldu. İngiltere'nin Londra şehri havadan zeplinlerin saldırısına uğrayan ilk şehir oldu.

Hava gemilerinin akıbeti

1920 ile 1933 yılları arasında ABD Deniz Kuvvetleri beş adet hava gemisi inşa etti. Bunlardan üçü, *Shenandoah* (1925), *Akron* (1933) ve *Macon* (1935) kaza yaptı. Almanya'nın *Hindenburg* zeplini 1936'da düzenli transatlantik seyahatlerine başladı. Ne yazık ki bu, hava gemisi tarihinin sonuydu. Hidrojen tüm gazların en hafifi olmakla birlikte, en yanıcılarından biridir. *Hindenburg* ertesi yıl trajik bir kaza geçirdi ve bir daha bu büyüklükte hava gemileri inşa edilmedi.

HAVA TAŞIMACILIĞINDA HAVA GEMİLERİNİN KULLANIMI

1920'lerde hava gemileri kadar uzun mesafeli seyahat imkânı sunabilen sınırlı sayıda uçak vardı. Uzun mesafelerde yolcu taşımak üzere yapılmış İngiliz *R101* gibi büyük hava gemileri, yolcuları ana gaz depoları altına yerleştirilmiş gondollar içinde taşıyordu. Gerekli gaz miktarını en alt seviyede tutabilmek için hava gemilerinin hafif olmaları gerekiyordu. Bu nedenle alüminyum gibi hafif malzemelerden yapılmışlardı. Yolcular, cama alternatif hafif plastikten yapılma pencerelerle çevrelenmiş güverteden altlarındaki manzarayı seyredebiliyordu. Ne yazık ki *R101* Ekim 1930'daki ilk uçuşunda Fransa'da kaza yaptı ve içindeki 54 kişiden 48'i hayatını kaybetti. Benzer ölümcül kazalar hidrojenle çalışan hava gemilerinin çok tehlikeli olduğunu açıkça ortaya koydu.

Hindenburg 1937'de New Jersey'deki Lakehurst Hava İstasyonu'na yanaşırken patladı. Felâkete depolardaki hidrojeni tutuşturan bir statik elektrik kıvılcımı neden olmuştu.

HAVACILIK VE UZAY

BİLİYOR MUYDUNUZ?

- Şimdiye dek yapılmış esnek olmayan en büyük hava gemisi *Hindenburg* 245 m uzunluğundaydı ve yaklaşık 200.000 m^3 hidrojen taşıyordu.
- Hava gemisiyle yapılan ilk dünya turu 1929'da *Graf Zeppelin* ile 21 gün 5 saat 54 dakikada gerçekleştirilmiştir.

Günümüzde balonlar ve hava gemileri

Günümüzde sıcak hava balonları çoğunlukla eğlence amaçlı kullanılıyor. Bilim insanları hidrojen balonlarını atmosferin üst katmanlarını araştırmak ve hava koşullarını takip etmek üzere gerekli teçhizatı gökyüzünde çok yükseklere taşımak için kullanıyor. Hava gemileri artık ulaşım için uygun görülmüyor. Günümüzde hava gemileri hidrojenden biraz daha ağır ama çok daha güvenli olan helyum gazıyla dolduruluyor. Helyumlu esnek hava gemileri genellikle spor gösterilerinde ve halka açık büyük etkinliklerdeki uçan reklamlarda kullanılıyor.

ANAHTAR

Hava gemilerinin içi

İçi gazla ve hava dolu bir veya birden fazla baloncukla doldurulmuş esnek hava gemilerinde dış kabuğun şeklini korumaya yarayan bir iç iskelet bulunmaz. Baloncuklardan hava boşaltarak veya baloncuklara hava doldurarak kaldırma kuvveti artırılabilir veya azaltılabilir. Esnek olmayan hava gemilerinde, yani zeplinlerde dış kabuğun şeklini korumak için bir iç iskelet bulunur.

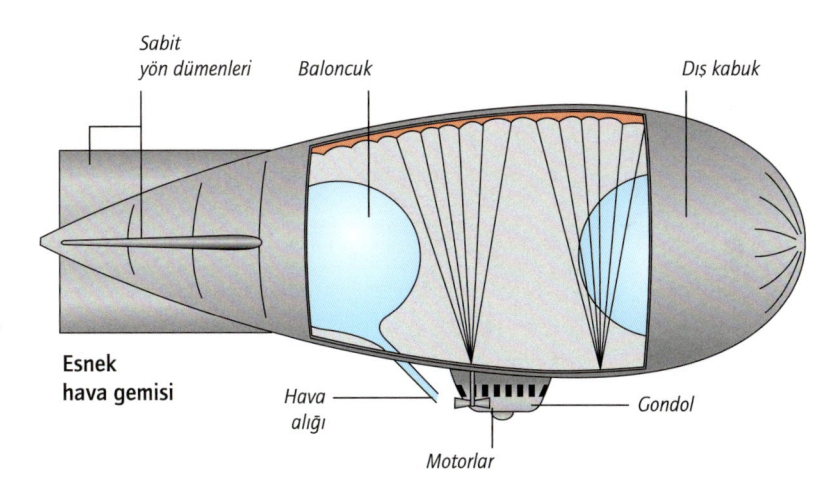

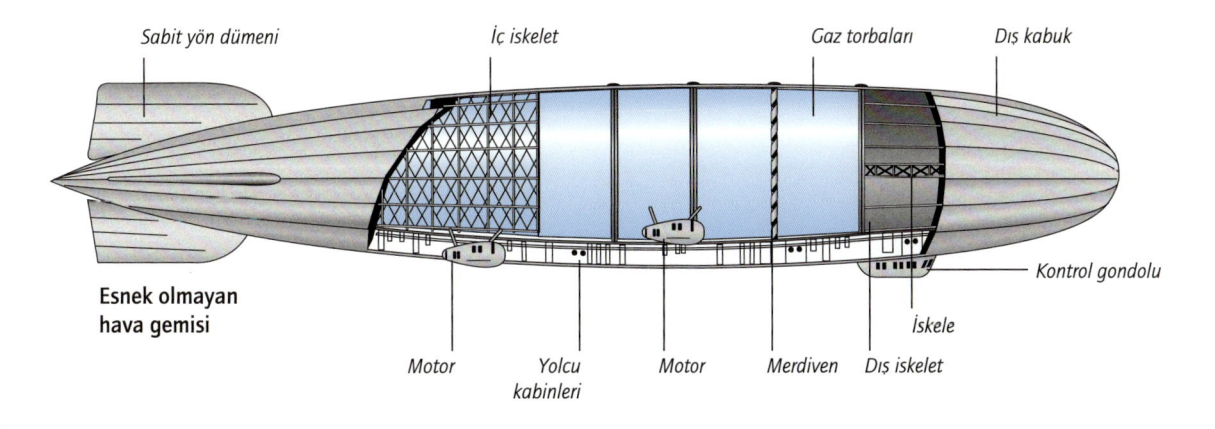

PERVANELER ÇAĞI

Kanatlı uçaklar balonların havada süzülüşünden 120 yıl sonra icat edildi.

Sıcak hava balonları ile gaz dolu hava gemileri havadan hafif oldukları için uçabiliyorlardı. Balonlar rüzgâr nereye sürüklerse oraya gidiyordu, hava gemileri ise yönlendirilebilmelerine rağmen yavaş ve çok tehlikeliydi. İnsanlar hâlâ güvenli,

İlk sabit kanatlı uçaklar pervaneli motorla çalışıyordu. Gemi pervanesinin gemiyi su içinde ilerletmesine benzer şekilde, dönen bir pervane havayı geri, uçağı ise ileri iter.

hızlı ve kontrol edilebilir bir araçla uçmanın hayalini kuruyordu. Bununla birlikte, hidrojenle dolu son büyük hava gemisinin korkunç sonundan uzun zaman önce gökyüzünde yeni bir ses uğuldamaya başlamıştı.

HAVACILIK VE UZAY

Öncüler

Sıcak hava ve gaz balonlarının icadından önce insanın uçabilmesi için kuşları taklit etmesi gerektiği düşünülüyordu. Bu nedenle ilk havacılık mühendisleri kanatların açılıp kapanmasıyla çalışan kullanışsız uçuş araçları tasarlamışlardı. Ancak İtalyan bilim insanı Giovanni A. Borelli (1608-1679), ölümünden sonra 1680'de yayımlanan *De Motu Animalium* (*Hayvanların Hareketi Üzerine*) adlı kitabında insanın göğüs kaslarının, bedeni havada taşıyacak kadar büyük kanatları çırpmak için yeterince güçlü olmadığını kanıtladı.

Sabit kanatlı uçakların ilk modeli İngiliz bilim insanı Sir George Cayley (1773-1857) tarafından 1804'te yapıldı. Cayley'in planörü esnemeyen bir gövde, yön dümenli bir kuyruk ve aracı yukarı aşağı yönlendirmek için kullanılan hareketli yüzeylere sahipti. Cayley modern uçakların temel yapısını oluşturmuştu. Sonraki 50 yılını gerçek boyutlarda bir planör üretmeye yönelik fikirlerini sınamakla geçirdi. Nihayet 1853'te Cayley'in faytoncusu, kanat şeklinde eğimli yüzeylerden oluşan, tam boyutlu bir planörle ilk uçuşu gerçekleştirdi. Cayley'in planörünün uçak olması için yalnızca bir motora ve pervaneye gerek vardı. Ne yazık ki o zamanki motorlar çok ağır, büyük ve verimsizdi.

LEONARDO DA VINCI

Büyük İtalyan sanatçı ve bilim insanı Leonardo da Vinci (1452-1519) havada yükselebilen çok çeşitli araçlar hayal etmişti. Çizimleri arasında uçak, basit paraşüt ve bu yelkenli helikopter tasarımları bulunur.

Da Vinci, helikopterinin vida şeklindeki yelkeninin, döndürüldüğünde aracı havaya kaldıracağını hayal ediyordu.

İKARUS

Yunan mitolojisi mum ve tüylerden yapılmış kanatlarla uçan Daidalos isimli bir mucit ile oğlu İkarus'tan bahseder. İkarus icatlarının sınırlarını bilmiyordu, Güneş'e yakınlaşacak kadar yükseğe uçtu. Mum eridi ve İkarus düşerek hayatını kaybetti.

İkarus mitosunun 18. yüzyıla ait bu çiziminde Daidalos oğlunun cansız bedenine bakıyor.

PERVANELER ÇAĞI

Planörlerin gelişmesine Amerikalı Octave Chanute ile çalışmalarına *The Flight of Birds as the Basis of Flying* (*Uçma Sanatının Temelleri: Kuş Uçuşu*) isimli kitabında yer vermiş olan Alman Otto Lillienthal (1848-1896) gibi birçok araştırmacı katkıda bulunmuştur.

Wright Kardeşler

Lillienthal ve Chanute'in çalışmaları ABD'nin Ohio eyaletinin Dayton şehrinde yaşayan iki kardeşe esin kaynağı oldu. Cayley ve Lillienthal'in eserlerini inceleyen bisiklet ustası ve matbaacı Wilbur Wright (1867-1912) ile

Alman havacı Otto Lillienthal kaldırma kuvveti sağlamak için eğimli kanatlara sahip planörler yapmıştı. Bazıları kendisini taşıyacak kadar büyüktü. Lillienthal 1896'da bir kazada hayatını kaybetti.

BİLİMSEL İLKELER

Aerodinamik profil şekilleri ve kaldırma kuvvetleri

İsviçreli akademisyen Daniel Bernoulli (1700-1782) akışkanların (gaz veya sıvı) hızları arttıkça basınçlarının azaldığını kanıtlamıştı. Bu keşfin uçak kanatlarının tasarımında önemli etkileri oldu. Bernoulli'nin çalışmalarından haberdar olan Sir George Cayley, kanat üzerinden geçen havanın kanadın oluşturduğu kaldırma kuvvetini nasıl etkilediğini araştırdı. Bernoulli teorisi, kanat üzerinden geçen havanın hızı kanat altından geçen havanın hızından daha büyük olduğunda basınç farkı oluşacağını ve bu farkın yeteri kadar büyük olduğunda kaldırma kuvveti oluşturacağını ortaya koyuyordu. Bu kuvvet, kanadı -ve ona eklenmiş herhangi bir aracı- havaya kaldırabilirdi. Cayley'in çalışmaları uçuşun bilimsel ilkelerini içeren aerodinamik disiplininin temellerini oluşturdu ve uçak kanatları için aerodinamik profiller geliştirilmesine önayak oldu.

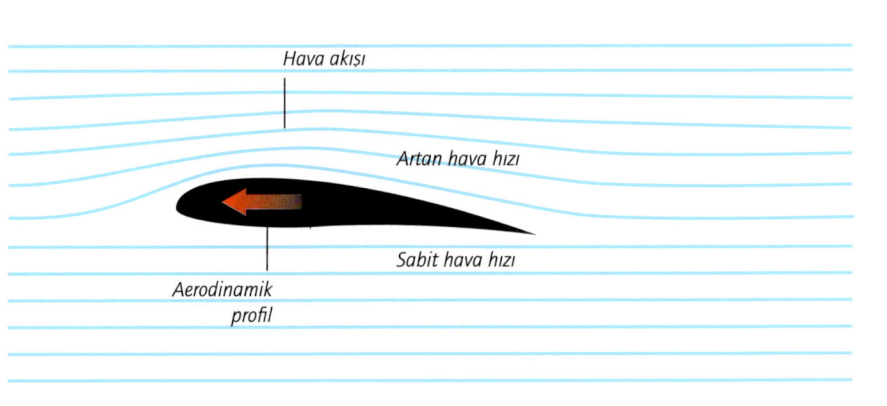

HAVACILIK VE UZAY

UÇURTMALAR: İLK KANATLI UÇAKLAR

Havadan ağır olup uçabilen ilk araçlar muhtemelen uçurtmalardır. Antik Çin medeniyeti uçurtma yapımını MÖ 400 ile 300 yılları arasında keşfetmişti. Birkaç yüzyıl sonra Çinli yetkililer ağır suçlar işlemiş kişileri büyük uçurtmalara bağlayarak gökyüzüne göndermeye başladı. Suçlular dehşet içinde çığlıklar atardı. Yaklaşık 2000 yıl sonra Avustralyalı ressam Lawrence Hargrave (1850-1915) uçurtma denemeleri yapmaya başladı. 1894'te kendi yaptığı dört tane kutu uçurtma ile yerden 5 m yükseğe çıktı. Hargrave'nin çalışmalarının uçuş tarihi üzerinde pek etkili olmadığı iddia edilir çünkü Hargrave Amerika Birleşik Devletleri ile Avrupa'daki havacılık gelişmelerinden uzakta, Avustralya'da çalışıyordu. Ancak fikirleri tasarlanan ilk uçaklarda kullanıldı: Örneğin birçok uçağın kanadı ilk tasarımlarda kutu uçurtmalara benzer. Diğer öncü havacılar gibi Hargrave de eğimli (aerodinamik profile sahip) kanatların düz kanatlardan daha iyi uçtuğunu doğrulamıştır.

Uçurtmalar sabit kanatlı uçaklarla aynı ilkelere göre uçar.

Orville Wright (1871-1948) kontrol edilebilen bir planör tasarlamaya giriştiler. Uçan akbabaları seyreden kardeşler başarılı bir uçağın yan yatabilmesi, yükselip alçalabilmesi ve soldan sağa dönebilmesi gerektiğini anlamışlardı. Wright Kardeşler'in 1902'de ürettiği son planör bu hareketlerin tümünü yapabiliyordu. Kardeşler ayrıca planörlerinin kanat ve yüzey şekillerinin aerodinamik olup olmadığını sınamak için bir rüzgâr tüneli de inşa etmişlerdi. Artık gereken tek şey hafif bir motor ile bir pervane ekleyerek kalkış, uçuş ve inişi yapabilen uçağı geliştirmekti.

Önceki mühendisler uçaklarını ağır buhar motorlarıyla uçmayı denemişlerdi. Wright Kardeşler ise yakın zamanda icat edilmiş olan içten yanmalı motordan faydalanma şansına sahip oldular. Küçük bir benzinli motor tasarlayıp ürettiler ve bunu yine kendi tasarımları olan bir çift pervaneye bisiklet zinciriyle bağladılar. Planörleri artık bir uçaktı.

Orville 17 Aralık 1903'te *Kitty Hawk* olarak da bilinen, tarihin ilk motorlu uçağı *Flyer I* ile havalandı. Wright Kardeşler 1904 yılı boyunca uçaklarla denemelere devam ederek bir dizi iyileştirme yaptılar. 1905'te de dünyanın ilk kullanıma uygun uçağı *Flyer III*'ü ürettiler. Bu uçak dönebiliyor, yan yatabiliyor, gökyüzünde daire ve 8 çizebiliyor, yarım saatten fazla havada kalabiliyordu. Sonrasında Wright Kardeşler hükümetten ya da özel bir şirketten maddi destek alana kadar uçmayacaklarını ilan ettiler.

PERVANELER ÇAĞI

Sonunda ABD hükümeti Wright Kardeşler'le, bir pilotla bir gözlemciyi 200 km taşıyabilecek bir uçak yapmaları için sözleşme imzaladı. İki kardeş bir yıl sonra istenen uçağın teslimatını yaptı. Uçakları havacılık teknolojisi için dikkate değer bir gelişmeydi, zira altı yıl öncesine kadar tek pilotlu uçaklar yalnızca 51,5 m uçabiliyordu. Bir yıl içerisinde dünyanın tüm büyük orduları uçak gücüyle donatılmış hâle geldi.

Savaşın etkisi

Tarihin üzücü gerçeklerinden biri, teknolojinin büyük sıçramaları daima savaş sırasında kaydettiğidir çünkü yeni silahlar yenilgiyi zafere çevirebilmektedir. Askerî uçaklar başlangıçta casusluk yapmak için kullanılmışsa da kısa süre sonra silahlarla donatıldı. 30 Ekim 1911 modern hava savaşının başlangıç günüdür. Bu tarihte bir İtalyan pilot, İtalya ile Osmanlı Devleti arasındaki savaş sırasında Libya üzerinde casusluk

Wright Kardeşler'in Flyer 1'i bazı bakımlardan modern uçaklardan farklıydı. İrtifa dümenleri kuyrukta değil ön taraftaydı. Uçağın kaldırma kuvvetini değiştirmek için direksiyon sisteminde kanatları eğen teller kullanılıyordu.

BİLİYOR MUYDUNUZ?

- Orville Wright'ın 1903'te *Flyer I* ile yaptığı ilk motorlu uçuş sadece 12 saniye sürdü. İniş ve kalkış dâhil 51,5 m yol alındı.
- *Flyer I*'in motor gücü 9 kW, ulaştığı en yüksek hız yaklaşık 50 km/saat, kanat açıklığı ise 12 m idi.

HAVACILIK VE UZAY

BİLİMSEL İLKELER

Uçağı etkileyen kuvvetler

Uçağın uçabilmesi için onu sürekli Dünya'ya çeken yerçekimini ve sürükleme kuvvetini yenecek kadar kaldırma ve itki kuvveti oluşturması gerekir. Sürükleme kuvveti havanın, içinden geçen nesnelere gösterdiği dirençtir. Uçağın kanadının aerodinamik profili, kaldırma kuvveti oluşmasını sağlar. İtki kuvveti ise uçak motorunun ve varsa pervanelerin aerodinamik profilleriyle sağlanır. Bir planör ancak kanatlarının yeterli kaldırma kuvvetini oluşturmasını sağlayacak hıza eriştiğinde uçabilir. Bu hıza ulaşana kadar planörün çekilmesi gerekir. İlk planörlerin pilotları kalkış yapmak için yamaçtan aşağı koşmak ve rüzgârı kullanmak zorundaydılar.

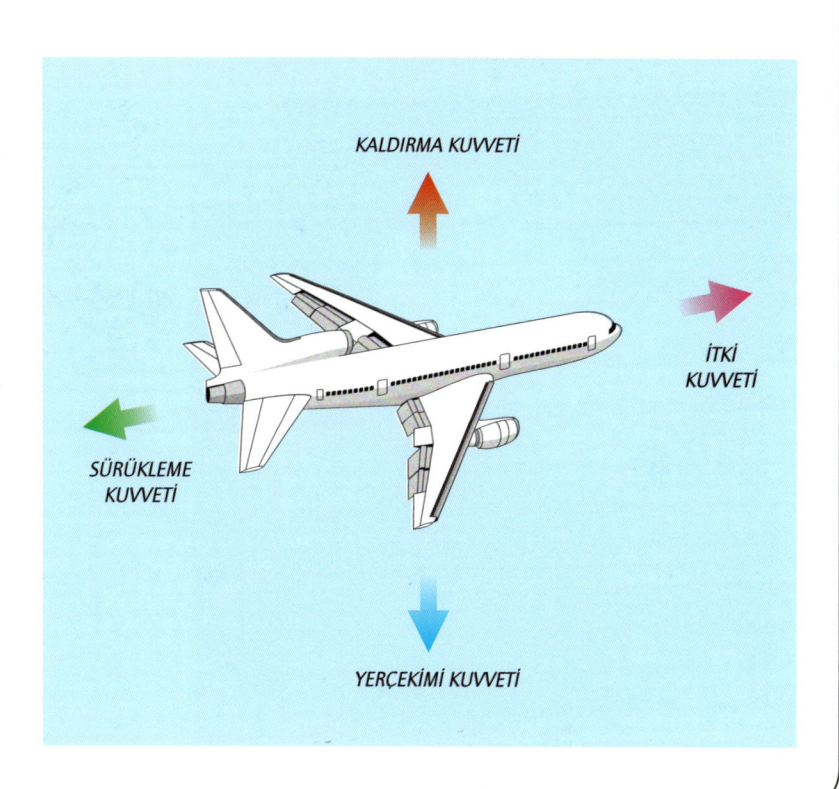

KALDIRMA KUVVETİ

İTKİ KUVVETİ

SÜRÜKLEME KUVVETİ

YERÇEKİMİ KUVVETİ

---

görevindeyken, taşıdığı dört el bombasını karşı tarafın siperlerine atarak gelecekteki savaşların yönünü değiştirdi. Avrupa'da Birinci Dünya Savaşı (1914-1918) patlak verdiğinde, tarafların tümü savaş uçaklarıyla donatılmış durumdaydı.

Çift kanatlı uçaklar

Bir savaş uçağının çatışma sırasında maruz kaldığı gerilme, yolcu uçağının normal uçuş koşulları altındayken maruz kaldığı gerilmeden çok daha fazladır. O zamanlar uçak üreticilerinin en büyük sorunu uçakların hem hafif hem de dayanıklı olmaları için ne yapılması gerektiğiydi. Bir ila dört kanat takımından oluşan birçok tasarım denendi. Hafiflik ve dayanıklılık gereksinimlerini en iyi sağlayan, çift kanat takımı kullanılan tasarım oldu.

Çift kanatlı tasarımda bir kanat takımı diğeri üzerine konumlandırılarak kutu biçimli bir yapı oluşturulmuştur. Çift kanatlı tasarımın asıl üstünlüğü, dikmeler ve bağlantı tellerinin akıllıca ayarlanmasıyla elde edilen üçgen yapıların kendine has dayanıklılığından yararlanılmasıydı. Bağlantı telleri alt kanattaki dikmenin tabanından üst kanattaki dikmenin tavanına çapraz şekilde gerilerek sadece sert bir cisme (genellikle yeryüzüne) çarptığında kırılacak kadar sağlam bir yapı oluşturulmuştu. Çift kanatlı tasarımın tek olumsuz yanı ikiz kanatlar, bağlantı telleri ve dikmelerin büyük miktarda

PERVANELER ÇAĞI

Çift kanatlı uçağın çok güçlü olan kanatları, uçağın hızlı hareket etmesini sağlayarak muhteşem akrobatik manevralar yapmasını mümkün kılar.

DENİZ UÇAKLARI

Deniz uçakları su yüzeyinde iniş ve kalkış yapabilen uçaklardır. Alt gövdeye tekerlekler yerine -çoğu durumda da tekerleklerle birlikte- büyük şamandıralar takılmıştır. İlk deniz uçağı 1910'da Fransa'da Henri Fabre (1882-1984) tarafından üretilmiştir. Tekneli deniz uçağı sandal şeklindeki ana gövdesiyle su üzerinde kalabilen bir araçtır. İlk tekneli deniz uçağı ABD'nin havacılık sektörünün öncüsü Glenn Curtiss tarafından 1912'de yapılmıştır. 1930'larda tekneli deniz uçakları genellikle kıtalararası seyahat için kullanıldı: Kuzey Amerika ile Avrupa dışındaki bölgelerde fazla havaalanı yoktu ve deniz bu gereksinimi karşılamak için çok elverişliydi. 1950'lere gelindiğinde karaya inen uçaklar çoğaldı ve deniz uçaklarının yerini aldı. Helikopterler geliştirilinceye kadar deniz uçakları deniz kazalarındaki kurtarma çalışmalarında da kullanıldı.

Deniz uçakları iniş yapmak için pistin, hatta yolun bile olmadığı ancak çok sayıda büyük gölün bulunduğu engebeli ve dağlık bölgeler için çok uygun ulaşım araçlarıdır.

hava basıncına neden olması, bu yüzden uçağın yavaşlaması ve yakıt tüketiminin artmasıydı. Her şeye rağmen çift kanatlı uçaklar havacılığın sınırlarını zorladı. 1919'da iki İngiliz pilot büyük bir Vickers çift kanatlı uçakla Atlantik Okyanusu üzerinden uçarak Newfoundland'dan İrlanda'ya 17 saatten kısa bir sürede ulaştı.

Tek kanatlı uçaklar

Tek kanatlı uçakların tasarlanması hafif ama sağlam malzemeler üretildikten sonra mümkün oldu.

HAVACILIK VE UZAY

Kullanıma elverişli ilk tek kanatlı uçak 1907 yılı gibi erken bir tarihte Fransız mühendis Louis Blériot (1872-1936) tarafından üretildi. Louis Blériot iki yıl sonra geliştirilmiş bir modelle Manş Denizi'ni geçti. Havacılık tarihinin en iyi bilinen isimlerinden biri olan ABD hava postası pilotu Charles Lindbergh (1902-1974) 1927'de *Spirit of St. Louis* isimli tek kanatlı uçakla tek başına kesintisiz bir uçuş yaparak Atlantik Okyanusu'nu geçti. Ancak tek kanatlı uçaklar İkinci Dünya Savaşı'na (1939-1945) kadar pek tercih edilmedi.

BİLİMSEL TERİMLER

- **aerodinamik profil** Kaldırma kuvveti oluşturmak için gereken eğimli kanat şekli.
- **gövde** Uçağın pilot ve yolcu kabinini içeren kısmı.
- **kanat açıklığı** Bir kanat ucundan diğerine olan mesafe.
- **pilot** Uçağı kullanan kişi.

ANAHTAR

Hafif uçaklar

Modern hafif uçaklar ilk tek kanatlı uçaklardan pek farklı değildir. Çoğunlukla pervaneyi çalıştıran bir tek motora sahip, bir ila on kişiyi taşıyabilen araçlardır. Ancak günümüzün hafif uçakları ahşap ve kumaş yerine metalden veya sağlam plastiklerden üretilmektedir. Ağırlıkları nadiren 5,5 tonun üzerindedir. Bir hafif uçağın temel parçaları kanat, gövde, kuyruk ve iniş takımıdır. *Cessna* ve *Piper* gibi hafif uçaklar ABD'de ve nüfus yoğunluğunun az olduğu Kanada ve Avustralya gibi ülkelerde yaygın olarak kullanılan ulaşım araçlarıdır.

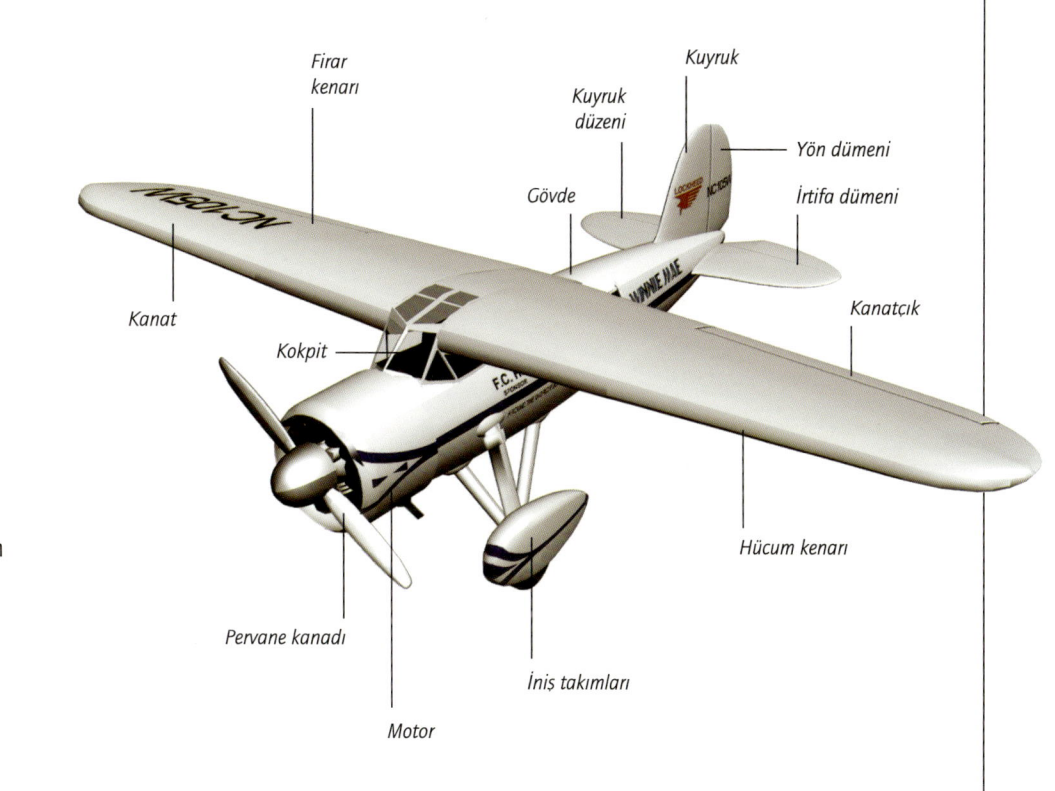

Kanat ve kuyruk düzlemleri aerodinamik şekle sahiptir. Pilot uçağın üzerinden geçen havanın kontrolünü sağlayan kanadın arka (firar) kenarlarında bulunan flapları, yani kanatçıkları yönlendirerek uçağı kontrol altında tutar.

19

PERVANELER ÇAĞI

Me-109 olarak da bilinen Messerschmitt 109 İkinci Dünya Savaşı'nda Alman Hava Kuvvetleri tarafından en çok kullanılan yüksek hızlı savaş uçağıydı.

İkinci Dünya Savaşı'ndan bu yana üretilen tüm uçaklar tek kanatlıdır. Büyük bir ilerleme de malzeme alanında gerçekleşti. İlk uçaklar ahşap ve kumaştan üretilmişti; 1920'lerde kumaşla kaplı metal çerçeveli uçaklar, İkinci Dünya Savaşı sırasında da tamamı metalden uçaklar üretilmeye başlandı.

İkinci Dünya Savaşı sırasında tarafların hava kontrolünü ele geçirmediği sürece savaşı kazanamayacağı, hava kontrolünün ele geçirilmesinin ise savaş uçaklarına bağlı olduğu ortaya çıkmıştı. Tamamen hava saldırısı şeklinde geçen ilk savaş 1940'taki Britanya Savaşı'ydı: Almanlar başarısız bir işgal girişimi olarak İngiltere'nin güney bölgelerini bombalamıştı.

BİLİYOR MUYDUNUZ?

- Tek kanatlı bir uçak olan *1927 Lockheed Vega*'nın kanat açıklığı 12,5 m, motor gücü 318 kW idi.
- "Spruce Goose (Ladin Kaz)" olarak bilinen *Hughes H-4 Hercules* deniz uçağı 97,5 m ile en büyük kanat açıklığına sahip uçaktı. 1947'de üretilen bu dev ahşap uçak sadece bir kez uçtu ve yaklaşık 1,6 km yol aldı.

Hava kontrolü için yapılan savaş, karşı güçlerin birbiriyle savaşı olduğu kadar, farklı tasarımların da savaşıydı: Supermarine Aviation'ın *Spitfire* (Ateş Püsküren) ile Hawker firmasının (sonradan British Aerospace ismini almıştır) *Hurricane* (Kasırga) adlı uçakları Alman Messerschmitt firmasının *Me-109*

HAVACILIK VE UZAY

uçağına karşı yarıştırıldı. ABD ve Japonya 1941 sonunda savaşa girdiklerinde, Japonlar Mitsubishi tarafından üretilen *A6M* uçağı ile dikkatleri üzerine çekti. Müttefik Kuvvetler tarafından *Zero* (Sıfır) olarak bilinen bu uçak, küçük motoru sayesinde savaşta kullanılan en dayanıklı ve en hafif savaş uçağıydı. Başlangıçta ABD savaş uçaklarına üstünlük sağladıysa da kısa süre sonra kendi dengi olan, ABD'nin *Grumman F6F Hellcat* (Cadı) ve *P-51 Mustang* (Yabanî At) uçakları ile karşı karşıya geldi.

Savaşın sonunda pervaneli uçaklar da artık tasarım kabiliyetlerinin sınırına ulaşmıştı. Uçakların daha da hızlı olabilmeleri için yeni bir motor tipine ihtiyaç vardı.

TOPLUM VE BULUŞLAR

İlk modern yolcu uçakları

Amerikan Boeing şirketi 1933'te *Boeing 247*'yi tasarladı. Bundan önceki yolcu ya da yük uçakları uçma mesafeleri ve taşıma kapasiteleri açısından sınırlıydı. *Boeing 247* uçak tasarımında bir devrimdi. 300 km/saatlik yüksek seyir hızı sayesinde yakıt ikmali için ara vermeden 1200 km katedebiliyordu. İki yıl sonra Douglas uçak firması *Boeing 247*'den hızlı uçabilen ve 1600 km mesafeyi beş saatten az zamanda katedebilen *DC-3* uçağını üretti. *Dakota* olarak da bilinen *DC-3* 1950'lere kadar kullanılan başlıca uçak oldu.

Yolcu ve kargo uçağı olarak kullanılmak üzere 16.000 adet DC-3 üretilmiştir. 400 kadarı hâlâ uçuşa elverişli durumdadır.

Bu uçak önceki yolcu uçaklarından çok daha genişti, dörtlü sıralarda oturan 32 yolcuyu taşıyabiliyordu.

JET ÇAĞI

Jet motorunun icadı uçuş tarihinde bir devrimdi. Jet motorlu uçaklar sesten hızlı uçabilecek kadar güçlüydü, neredeyse atmosferden çıkabiliyor, hatta havada asılı kalabiliyordu.

1920'lerin kulakları sağır eden gürültüsü doruğa ulaştığında, birkaç öncü uçak tasarımcısı daha öteye gidebilecekleri bir yer kalmadığını düşünmeye başladı. Aerodinamik alanındaki gelişmeler sayesinde nesnelerin havada nasıl hareket ettiğinin daha iyi anlaşılması, zarar görmeden gökyüzünü delip geçecek daha şık, daha hızlı uçakların yolunu açtı. Bununla birlikte modern havacılığın gelecekteki ihtiyaçlarını karşılamak açısından motor ve pervanenin mevcut düzeneğinin yetersiz bir güç kaynağı olduğu da ortadaydı.

PERVANE HIZ SINIRI

Daha hızlı ve daha güçlü uçaklar geliştirdikçe uçakların içinden geçtikleri hava, tasarımcıların düşmanı hâline geldi. Bu noktaya kadar uçağın yüzeyleri üzerinden geçen hava tıpkı bir akışkan gibi davranmış, etrafından akarak aracı yerden kaldıran kuvveti üretmişti. Oysa bazı mühendislerin fark ettiği gibi, hız 1100 km/saate yaklaştığında hava başka türlü davranıyordu. Uçak üzerindeki sürükleme kuvveti, uçak gövdesine vuran şok dalgaları oluşmaya başlayıncaya kadar artar. Bu durum kaldırma kuvvetini o kadar azaltır ki pilot uçağın kontrolünü kaybeder. Uçağın pervaneleri daima aracın geri kalanından daha hızlı hareket eder, dolayısıyla bu sorun öncelikle pervaneleri etkiler. Yani havanın davranışı, pervaneli uçağın ulaşabileceği hız üzerinde ciddi bir sınırlamadır. Yüksek hızlara ulaşabilmek için başka tip bir motora ihtiyaç olduğu açıktır.

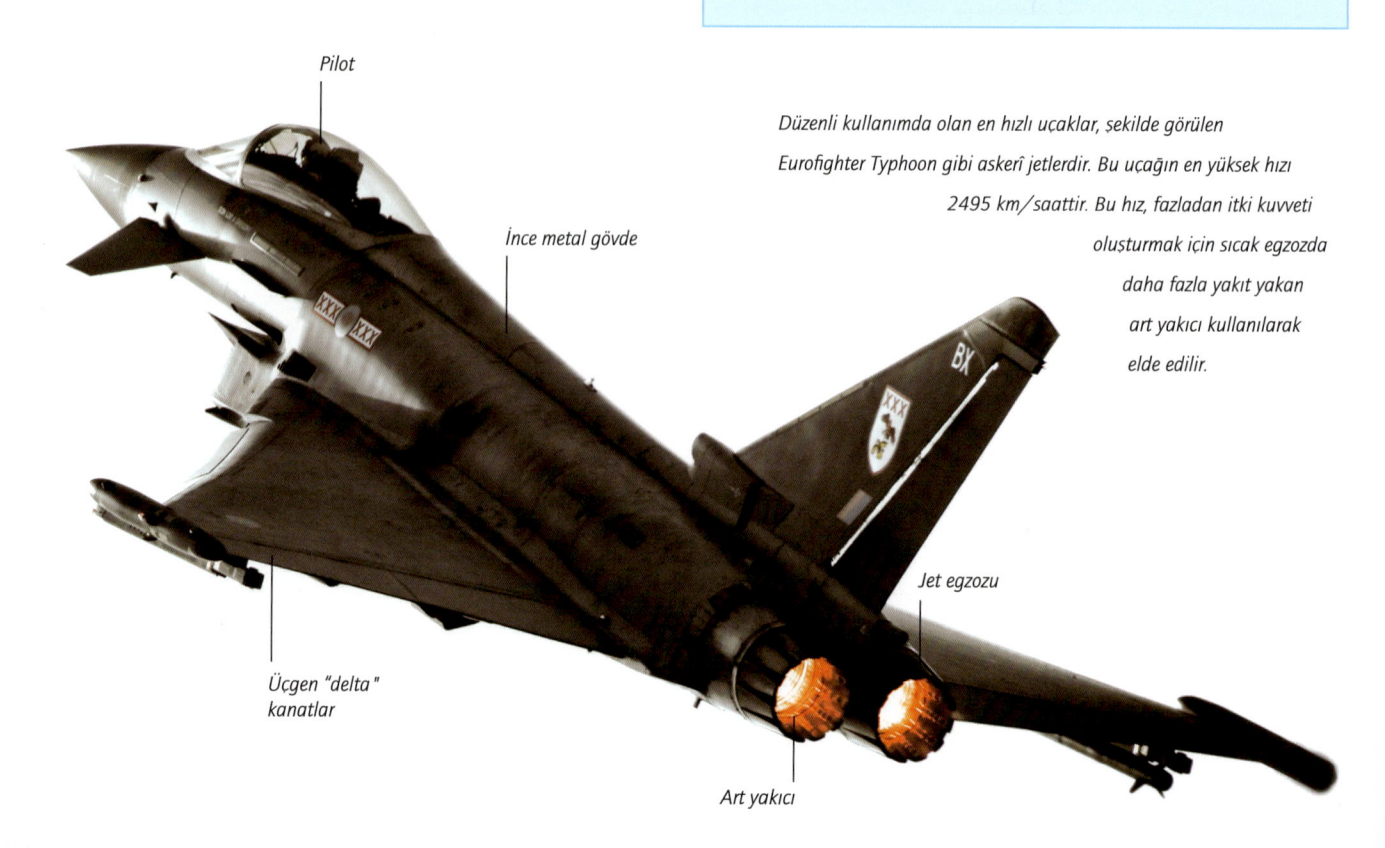

Pilot

İnce metal gövde

Düzenli kullanımda olan en hızlı uçaklar, şekilde görülen Eurofighter Typhoon gibi askerî jetlerdir. Bu uçağın en yüksek hızı 2495 km/saattir. Bu hız, fazladan itki kuvveti oluşturmak için sıcak egzozda daha fazla yakıt yakan art yakıcı kullanılarak elde edilir.

Jet egzozu

Üçgen "delta" kanatlar

Art yakıcı

HAVACILIK VE UZAY

Yeni motorlar

Orduların daha hızlı uçaklara olan ihtiyacı yeni motorların gelişimini teşvik etmiştir. 1930'larda ABD ile Almanya'daki bilim insanları roketleri uçak motoru olarak kullanma olasılığını araştırdılar. Alman araştırmacıların başında Wernher von Braun (1912-1977), Amerikalı araştırmacıların başındaysa Robert Hutchings Goddard (1882-1945) vardı. Ne var ki roket motorlarının yakıt sarfiyatının çok fazla olduğu ortaya çıktı. Üstelik kontrol edilmeleri çok zordu ve sık sık patlıyorlardı.

ROKET UÇAKLAR

Jet motoru yaygın olarak kullanılmaya başlamadan önce bilim insanları uçakların daha hızlı uçmalarını sağlamak üzere roket motorlarıyla deneyler yaptı. Almanya'da Alexander M. Lippisch (1894-1976) henüz 1928'de dünyanın ilk başarılı roket uçağını tasarlamıştı. Bu, katı yakıt tüketen iki roket motoru ile donatılmış kuyruksuz bir planördü. Kullanıma giren ilk sıvı yakıtlı roket uçağı ise büyük oranda Lippisch'in tasarımına dayanan (aşağıdaki) *Messerschmitt Me-163 Komet* uçağıydı. *Komet* saatte 970 km'nin üzerinde hıza ulaşabiliyordu ama uzun süre uçamıyor ve iniş sırasında sık sık patlıyordu. Askerî uçak üreticileri o tarihten itibaren çoğunlukla yüksek hız ve yüksek irtifada seyahatlerle ilgili araştırmalar için roket uçaklar üretmişlerdir. Örneğin *Bell X-1* sesten hızlı uçan ilk uçaktır. ABD'nin *X-15* roket uçağı 1962'de 95 km irtifada uçmuş, sonraları da hızı ses hızının beş katına ulaşmıştır.

JET ÇAĞI

Bu arada İngiltere'de Frank Whittle isimli bir mühendis 1930'da jet motorunun patentini aldı. Ardından birkaç arkadaşıyla işbirliğine giderek Power Jets isimli bir şirket kurdu. 1937'ye gelindiğinde Whittle ve ortakları kendi imalathanelerinde ilk işlevsel jet motorunu üretmişlerdi. Jet çağı sonunda gelmişti. Ancak jet motorunun yaygın kullanımı 1950'lere kadar gerçekleşmedi çünkü jet motorunun uçakların hızını artırmasının yanı sıra hava yolculuğunun maliyetini de büyük oranda düşürebileceği henüz fark edilmemişti.

Whittle'ın buluşu sıcak bir gaz jetinin uçağı itmesi prensibine dayanıyordu. Fan benzeri bir türbin vasıtasıyla hava motora doğru çekiliyordu. Motora çekilen hava merkezî bir yanma odasında yakıtla buluşuyor ve oluşan sıcak gaz patlaması sonucunda itki kuvveti elde ediliyordu.

İlk jet motorlu uçak

İngiliz hükümeti Whittle'ın araştırmalarına mali destek vermek konusunda isteksizdi. Bu yüzden İngilizler jet motorlu uçak üreten ilk askerî güç olma fırsatını kaçırdı, bu başarıya Almanya merkezli Heinkel şirketi ulaştı. Frank Whittle'dan bağımsız çalışan üç Alman mühendis Hans von Ohain, Herbert Wagner ve Helmut Schelp jet

---

İLK JET UÇAĞI MI?

Romanyalı mucit Henri Coanda (1886-1972) gaz jeti ile itilen ilk uçağı 1910'da üretti. Fakat bu uçak modern jet motorlarından farklı çalışıyordu, bu yüzden Coanda'yı jet uçağının mucidi sayan az sayıda insan vardır. (Buna rağmen 2010'da Romanyalılar jet uçuşunun 100. yılını vatandaşlarının onuruna kutlamışlardır.) Coanda'nın jetinde içerideki fan içten yanmalı bir motorla çalıştırılıyor, öndeki hava içeri çekilip arkadan dışarı atılarak itki kuvveti oluşturuluyordu. İlk kalkış denemesinde pistte alev alan *Coanda-1910* hiç uçmadı. Ama Coanda'nın jeti başka amaçlara hizmet ederek Rusya Grandükü Cyril için yapılmış özel bir kızağı çalıştırmak için kullanıldı. Coanda asıl olarak sıvıların yakındaki katı parçacıkların çekimine kapılmasını tanımlayan "Coanda Etkisi" ilkesi ile tanınır.

Motor jet itki sistemi, çift kanatlı Coanda-1910 uçağının önünde konumlandırılmıştır.

Grandük Cyril kendine ait jet motorlu kızağı içinde (1910).

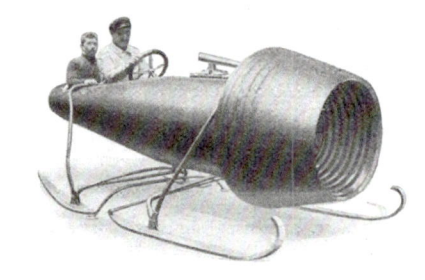

HAVACILIK VE UZAY

İkinci Dünya Savaşı'nda kullanılmak için üretilen birkaç jet uçağından biri de Me-262'dir. Resimdeki Me-262 savaşın son haftalarında ormandaki bir hava üssünde gizlenmiştir.

motoru konusunu incelemişti. Von Ohain tarafından tasarlanmış jet motoru ile çalışan *Heinkel He-178* uçağı 27 Ağustos 1939'da Almanya semalarında yerini aldı.

İkinci Dünya Savaşı'nın (1939-1945) patlak vermesiyle İngiliz hükümeti Whittle'ın fikirlerini ciddiye almaya başladı ancak Almanlar jet motoru teknolojisinde iki yıl öndeydi. Sonunda İngiliz hükümeti Power Jets şirketini devraldı ve Kraliyet Hava Kuvvetleri'nin ilk jet savaş uçağı *Gloster Meteor* ancak 1944'te düşmanın *Messerschmitt Me-262* uçağına karşı savaşabildi.

İkinci Dünya Savaşı 1945'te sona erdiğinde savaşın tüm tarafları için gelecekteki çatışmalarda kullanılacak askerî savaş uçaklarının jet uçakları olması gerektiği artık ortadaydı. Ancak Avrupa ülkelerinin ekonomileri o tarihlerde çökmüş olduğundan uçak motoru teknolojisi geliştirmede öncülük ABD'ye kaldı.

İlk jet tasarımları mükemmel olmaktan çok uzaktı ve elbette Whittle'ın basit tasarımının çeşitlemeleri yapılıyordu. Jet motoruna dair ilk iyileştirmelerden biri art yakıcı eklenmesi oldu. Whittle'ın orijinal motorunda, içeriye çekilen

FRANK WHITTLE

Kraliyet Hava Kuvvetleri'nden bir askerî öğrenci, 1928 gibi erken bir tarihte İngiltere'nin Cranwell şehrinde, geleneksel pistonlu motoru, turbojet denilen yeni bir güç kaynağıyla değiştirme fikrini ortaya attı. Frank Whittle (1907-1996) adındaki bu askerî öğrenci yakın zamanda pervane ile ulaşılandan daha yüksek hıza sahip uçaklara ihtiyaç olacağını herkesten önce anlamıştı. Babası mühendis olan Whittle jet motorlu uçaklarla ilgili fikirlerini 1928'de akademiye sundu. Ne yazık ki Whittle'ın çalışmaları İngiliz hükümeti tarafından olumlu karşılanmadı. Whittle'ın öngörüsü bir rüya olduğu gerekçesiyle reddedilmişti. Ancak Whittle doğru yolda olduğunu biliyordu.

Frank Whittle jet savaş uçağına takılmış kendi tasarımı olan motoru incelerken.

25

JET ÇAĞI

P-61 savaş uçağına takılan ramjet motoru, ABD hükümetinin havacılık kuruluşu NACA (1958'den sonra NASA olarak değiştirildi) tarafından 1947 yılında denendi.

CHUCK YEAGER

1941'de askere yazıldıktan sonra ABD Ordusu Hava Birlikleri'ne atanan Chuck Yeager İkinci Dünya Savaşı sırasında çok başarılı bir savaş pilotu olarak hizmet verdi. 64 görev uçuşu yaptı ve tek çarpışmada dört Alman savaş uçağını düşürerek rekor kırdı. Savaş sonunda kısa bir süreliğine uçuş eğitmeni olarak görev yapan Yeager, daha sonra test pilotluğu gibi çok daha zorlu bir rol üstlendi. Bell firmasının *X-1* isimli gizli proje için gönüllü test pilotu aradığını öğrendiğinde, birçok pilotun ses duvarını aşmaya çalışırken hayatını kaybetmiş olduğunu bile bile işi düşünmeden kabul etti.

havanın üçte birinden daha azı yanma odasında yakıt için kullanılıyordu. Kalan hava egzoz gazları ile birlikte dışarı atılıyordu. Sıcak egzoz gazlarına yakıt enjekte ederek motorun ürettiği itki kuvvetini kalkışta yüzde 40 artırmak mümkündü. Böylece uçak havalandıktan ve seyir hızına ulaştıktan sonra, itki kuvveti daha da artıyordu.

Ses duvarının aşılması

Uzun zamandan beri havacılık mühendislerinin amaçlarından biri ses duvarı olarak da bilinen görünmez engeli aşmaktı. Görünmez duvarın aşılması ABD'li Bell Aircraft firması mühendislerinin de hedefindeydi. Tek ihtiyaçları son derece gelişmiş bir araç ve aracı uçurmak için yeterince cesur ve yetenekli birisiydi. Bu kişi Yüzbaşı Charles "Chuck" Yeager (1923 doğumlu) oldu.

X-1 alışılmadık bir uçaktı. Birbirinden bağımsız çalışan dört yanma odasıyla donatılmış küçük bir roket olan *X-1*'in gökyüzüne çıkması için *Boeing B-29* bombardıman uçağının altında taşınması gerekmişti. 9100 m irtifada *X-1*'in *B-29*'dan bırakılması ve Yeager'in yanma odalarından ilkini ateşlemesi planlanıyordu. İlk uçuşta Yeager'in *X-1*'in kontrolünü ele alması için yürek hoplatan birkaç mücadeleye girmesi gerekti.

HAVACILIK VE UZAY

BİLİMSEL İLKELER

Jet motoru nasıl çalışır?

Jet motorları, motorun önündeki havayı içeri çeker. Ardından hava, kompresör adı verilen bir cihazla basınç uygulanarak sıkıştırılır. Sıkıştırılmış havaya yakıt enjekte edilir ve elde edilen karışım motorun yanma odası adı verilen bölümünde tutuşturulur. Yanma sonrasında gaz karışımı oluşur ve yüksek miktarda ısı ortaya çıkar, içerideki sıcaklık 370°C'ye kadar yükselir. Yüksek ısıda egzoz gazları hızla genleşir. Bu sıcak ve hızlı hareket eden egzoz gazı yakıt pompaları, elektrik jeneratörleri ve kompresörün çalıştığı motorun ön kısmındaki türbinden geçtikten sonra motorun arka kısmından dışarı atılır. Jet motorları uçağın kanatlarının altına veya ana gövdenin arka kısmına yerleştirilir, egzoz gazları kuyruğun altından dışarı atılır.

Jet motorlarının çalışma şekli yüzyıllar önce, insanların çoğu henüz attan daha hızlı seyahat aracı bilmezken ortaya konmuştu. 17. yüzyılda İngiliz fizikçi Isaac Newton (1642-1727) hareketin üç yasasını ortaya koymuş, üçüncü yasa olarak her etki için eşit ve zıt yönde bir tepki olduğunu belirtmişti. Bu demektir ki sıcak egzoz gazları jet motorunun arkasından muazzam bir hızla atıldığı zaman, ters yönde bir tepki kuvveti doğacak, motoru ve motora bağlı herhangi bir nesneyi ileri hareket ettirecektir.

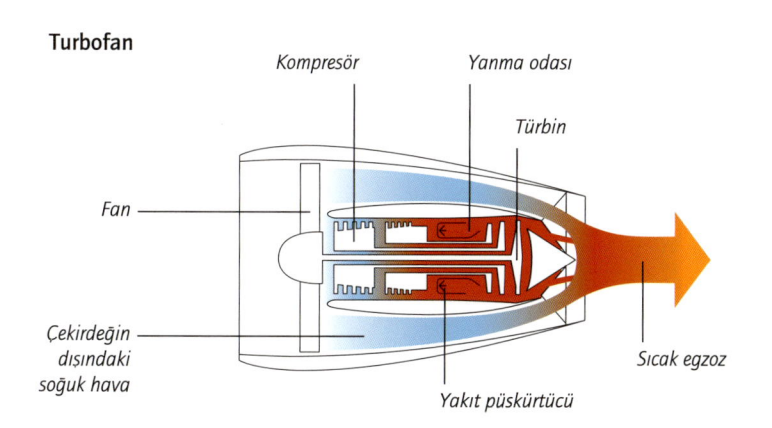

Turbofan

- Kompresör
- Yanma odası
- Türbin
- Fan
- Çekirdeğin dışındaki soğuk hava
- Yakıt püskürtücü
- Sıcak egzoz

Yolcu uçaklarında turbofan motorları kullanılır. Motorun ön kısmında yer alan pervane şeklindeki büyük fan havayı kompresöre çeker, motor çekirdeğin etrafındaki soğuk havayı da iterek ek itki kuvveti oluşturur.

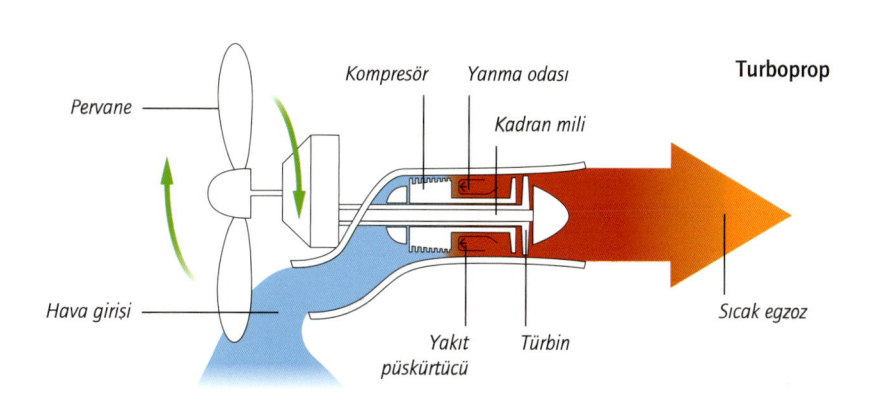

Turboprop

Turboprop motorlar türbinin hareketiyle dönen pervane sayesinde itki kuvveti sağlar. Turboprop motorlar yakıt açısından verimlidir ancak sadece düşük hızlı uçaklarda kullanılabilir.

- Pervane
- Hava girişi
- Kompresör
- Yanma odası
- Kadran mili
- Yakıt püskürtücü
- Türbin
- Sıcak egzoz

JET ÇAĞI

Bell X-1'in tasarımı şok dalgalarını bertaraf edebilecek "kanatlı mermi" şeklindeydi.

Yeager havanın açık olduğu 14 Ekim 1947 günü Kaliforniya'nın güneyinde bulunan Rogers Dry Gölü üzerinde *X-1* uçağının roket motorlarını var gücüyle çalıştırdı ve ses hızını aşan ilk pilot olarak tarihte yerini aldı. 13.100 m irtifada 1066 km/saatlik hızıyla ses duvarını aşmıştı.

İkinci Dünya Savaşı'ndan sonra uçaklar

Bugün birçok askerî uçak sesten daha hızlı uçabiliyor. Ancak sivil uçak tasarımcılarının amacı çok sayıda yolcuyu uzun mesafelere mümkün olan en az maliyetle taşıyabilecek büyük jet uçaklar tasarlamaktır. Sivil uçak üreticileri genellikle yolcuları gidecekleri yere mümkün olan en kısa sürede ulaştırmayı birincil amaç olarak görmez. Oysa askerî uçak tasarımcıları özellikle de savaş uçağı tasarımcıları için hız ve manevra kabiliyeti ilk sırada gelir.

Kore Savaşı (1950-1953) sırasında askerî uçak üreticileri son derece etkili jet motorlu savaş uçakları yapıyorlardı. İki önemli örnek, Kore'deki bir çatışmada karşı karşıya gelen ABD Hava Kuvvetleri'nin *F-86 Sabre* uçağı ile Kore'nin Sovyetler Birliği'nden tedarik ettiği *MiG-15* uçağıdır.

BİLİMSEL İLKELER

Sesten hızlı seyahat

Sesin hızı hava basıncına bağlı olarak değişir. Havanın çok yoğun olmadığı 12.100 m irtifada Mach 1, yani ses hızı 1060 km/saattir.

1. Uçak ses hızından daha yavaş uçtuğu zaman oluşturduğu basınç dalgaları Mach 1 hızında hareket ederek uçağın önüne ve arkasına yayılır.
2. Uçak Mach 1 hızına ulaştığında kendi basınç dalgalarının hızını yakalar ve uçağın yüzeyleri üzerinden akan hava şok dalgaları oluşturmaya başlar. Bu şok dalgalarıyla birlikte çok büyük bir türbülans oluşur.
3. Uçak ses hızından daha yüksek hızlara (Mach 1 üzeri) ulaştığında şok dalgaları koni şeklini alır ve yerle temas ettiğinde kilometrelerce uzaktan duyulabilen bir ses patlamasına yol açar.

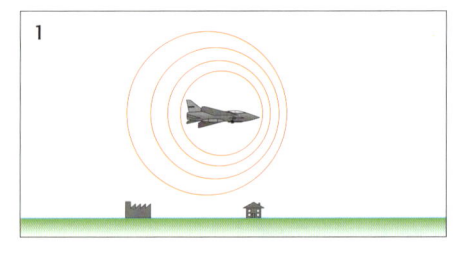

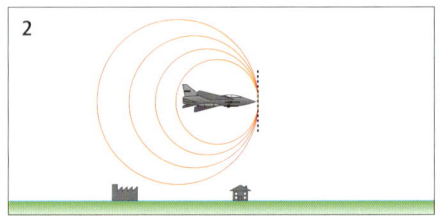

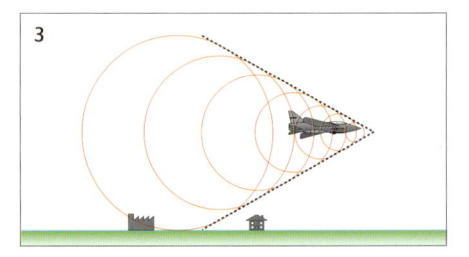

HAVACILIK VE UZAY

HELİKOPTERLER

20. yüzyılın öncesinde helikopter sadece yeterince hafif ve güçlü motorların geliştirilmesini bekleyen büyüleyici bir tasarıydı. Helikopter kaldırma kuvvetini rotor adı verilen dönen kanadıyla oluşturarak uçan bir makinedir. Aerodinamik profiller etraflarından hızla akan hava sayesinde kaldırma kuvveti oluşturur. Sabit kanatlı uçaklar pist boyunca ilerleyerek kaldırma kuvveti meydana getirir. Oysa helikopterin dönen kanadı havada hızla hareket ederken aracın geri kalan kısmı hareketsizdir. Bu yöntem helikopterin uzun piste ihtiyaç duymadan küçük bir alandan havalanmasını ve havada asılı kalmasını sağlar.

Dönen kanatla uçan bir makineye dair en eski bilgi 320 tarihli Çince bir metinde bulunmaktadır. Ancak ilk kez pilotlu bir helikopterin havalanması 1907 yılında gerçekleşmiştir (ilk uçuşta tek yapılan da bu dikey harekettir). Kullanıma uygun ve yönlendirilebilen ilk helikopter Rusya doğumlu Amerikalı mühendis Igor Sikorsky (1889-1972, alttaki resim) tarafından 1939'da Amerika'da yapılmıştır.

Mühendisler 1950'lerde jet motorunu uçuş mesafesini ve hızını artıracak şekilde helikopterlere uyarladı. Helikopterler Kore Savaşı'nda (1950-1953) kullanıldı ancak etkili hâle gelmeleri Vietnam Savaşı'nda (1957-1975) *Bell UH-1* nakliye helikopterinin (diğer adıyla *Hueys*) savaşa asker taşımak için kullanılmasıyla gerçekleşti.

Havada asılı kalabilme yeteneği helikopteri çok yararlı bir araç yapar. İnsanları bir tehlikeden uzaklaştırmanın en hızlı yolu vinçlerle donatılmış helikopterler kullanmaktır.

JET ÇAĞI

Harrier adlı "sıçrayan jetler" itki kuvvetini hem aşağı hem geri yönlendirebilen hareketli egzoz çıkışlarına sahiptir.

Kanat içindeki yakıt tankı

Kuyruk düzlemi

Jet hava alığı

Hareket edebilen egzoz

Günümüzün hızlı askerî jetlerinde Whittle'ın özgün tasarımına benzeyen "turbojet" motoru vardır. Ancak sivil uçaklar ön ucunda bulunan büyük fanlı, daha verimli turbofan motoru kullanır. Bu fan motor etrafındaki havayı çekerek daha fazla itki kuvveti oluşturur ama uçağın ses hızına erişmesini engeller. Diğer jet motorları arasında turboprop motoru ve turboşaft motoru da bulunur. Turboprop motoru pervaneyi döndüren bir jet türbinidir. Turboşaft motoru turboprop motoruna benzer ancak helikopter rotorlarını çalıştırmak için kullanılır.

Hayalet uçaklar

Savaş uçağı tasarımcıları daha hızlı ve manevra kabiliyeti daha yüksek uçaklar geliştirmenin yanında, düşman tarafından tespit edilmesi zor uçaklar tasarlamak zorundadır. Bunun sonucu olarak başlangıçta ABD hükümeti ile Lockheed firması tarafından 1980'de geliştirilen bir proje olan, şimdilerdeyse sadece uçaklarda değil tüm

V/STOL UÇAKLAR

Yeni bir uçak tasarlarken göz önünde buludurulan tek etmen hız değildi. 1954'te ABD Deniz Kuvvetleri, dünyanın ilk dikey kalkış gerçekleştirebilen uçağı *Convair XFY-1*'i geliştirdi. *Pogo Stick* (Zıplama Sırığı) olarak da bilinen *XFY-1* yerde kuyruğunun üzerinde duruyor ve uçağın ucundaki pervaneler sayesinde doğrudan yerden yükseliyordu. Havada normal uçuşunu yapıyor, iniş yapacağı zaman tekrar dik konuma geliyor ve yavaşça kuyruğu üzerine iniyordu.

Pogo Stick tasarımının uçması zordu. Bir başka dikine veya kısa mesafede kalkış ve iniş yapabilen V/STOL uçak, *Harrier* adlı "sıçrayan jet" idi. *Harrier* uçağı iki küçük jet motoruyla çalışıyordu. Normal uçuşta jetler geriye bakıyor ancak uçak havada asılı kalmak zorunda olduğunda veya pist olmadığı durumlarda kalkış ve iniş yapabilmek için dönerek aşağıya doğru yönlenebiliyordu. Sıçrayan jetler engebeli alanlarda ve gemilerde kullanım için uygundu. 11 Haziran 2008 tarihinde ilk uçuşunu gerçekleştiren *F-35B Lightning II* (B modeli), uçak gemilerine iniş yapabilmek üzere STOVL motora sahiptir.

BİLİMSEL TERİMLER

- **irtifa** Deniz seviyesinden yükseklik.
- **süpersonik** Sesten hızlı.
- **türbin** Üzerinden gaz veya sıvı geçtiğinde dönen bir dizi pervane ya da fan.
- **yanma** Bir maddenin ateş alması.

HAVACILIK VE UZAY

V-22 Osprey: Yarı uçak, yarı helikopter

1. Dikey kalkış için uçağın rotorları yukarı bakar.

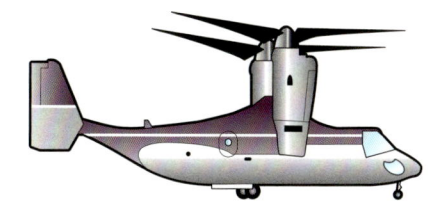

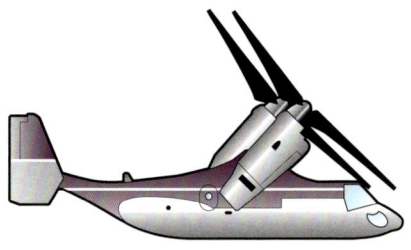

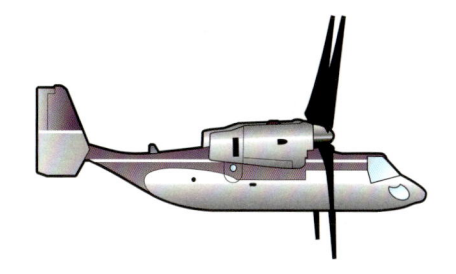

2. Uçak havadayken, pilot rotorları döndürür.

3. Rotorlar kanat uçlarında konumlandırıldığında araç diğer uçaklar gibi ileri doğru uçar.

TOPLUM VE BULUŞLAR

Jet çağındaki uçaklar

Chuck Yeager Güney Kaliforniya semalarında bir ilke imza atarken sivil uçak üreticileri savaşın doğurduğu yeni teknolojileri araştırmaya başlıyordu. Uçak endüstrisinin savaşın sürükleyici etkisinden yoksun sivil kolu, üniformalı kolunun gerisinde kalmıştı. Ancak ekonomiler düzelmeye başladıkça uçak üreticileri de ileride büyümesi öngörülen uluslararası havayolu taşımacılığı pazarına göz dikti. İngiliz uçak endüstrisi risk alarak yenilikçi (ve kârlı olması umulan) sivil yolcu uçağı üretimine yoğunlaşmaya karar verdi. ABD Lockheed ve Douglas şirketlerinin piston motorlu etkileyici uçaklarıyla (örneğin birçokları tarafından piston motoru teknolojisinin doruk noktası olarak kabul edilen *DC-7* uçağıyla) rekabet edemeyeceğini bilen İngiliz şirketleri yolcu uçağına jet motoru takma olasılığını araştırmaya başladı.

1952 yılında İngiltere merkezli de Havilland şirketi ilk jet uçağı *de Havilland Comet*'i piyasaya sürdü. ABD uçak üreticilerinin verdikleri ilk tepki mevcut uçaklara jet motoru takmak oldu. Fakat

1958 yılında *Boeing* özel olarak üretilen ilk jet yolcu uçağı *707*'yi hizmete soktu; bu uçak ardından gelen ünlü 7 serisinin ilk modeliydi. 20 yıl içinde jet motorlu uçaklarla yapılan hava taşımacılığı her zamankinden daha yaygın ve bütçeye uygun, milyonlarca insanın ulaşabileceği bir duruma geldi.

Günümüzde kullanılan en büyük yolcu uçağı A380 "süperjumbo" uçağıdır. Bu devasa uçakta sayısı 850'ye çıkabilen yolcu koltukları iki güverte üzerinde yer alır. Uçak bir uçuşta 15.200 km -Dünya çevresinde yarım tur- yol alabilmektedir.

JET ÇAĞI

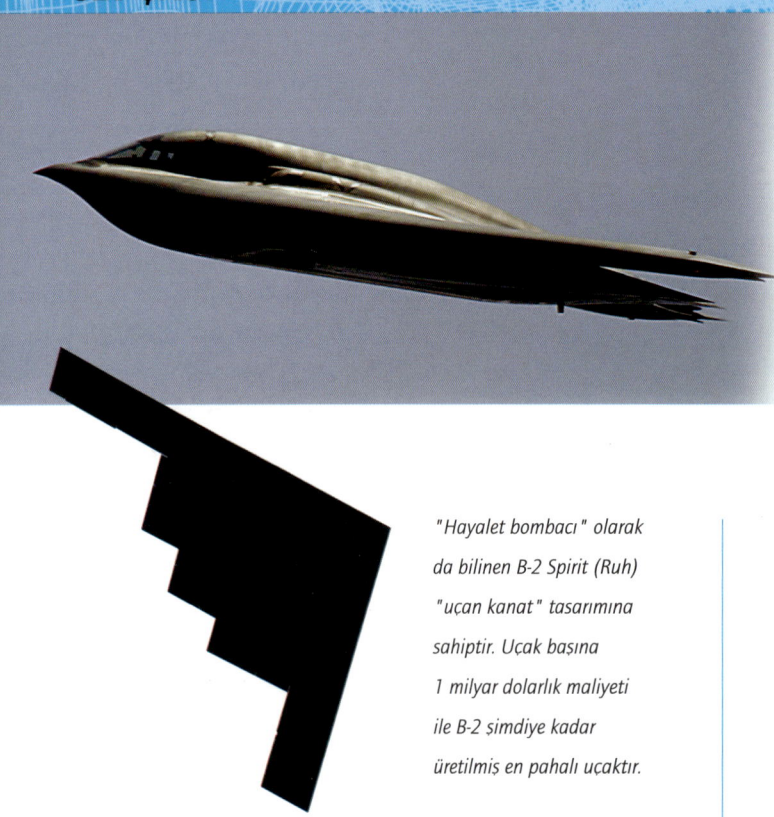

"Hayalet bombacı" olarak da bilinen B-2 Spirit (Ruh) "uçan kanat" tasarımına sahiptir. Uçak başına 1 milyar dolarlık maliyeti ile B-2 şimdiye kadar üretilmiş en pahalı uçaktır.

askerî tasarım alanlarında kullanılan "hayalet" teknolojisi ortaya çıkmıştır. Hayalet uçakların radarla tespiti oldukça zordur. Çok nadir saldırıya uğradıkları için diğer savaş uçakları gibi yüksek hıza ya da yüksek manevra kabiliyetine sahip olmak zorunda değillerdir. Dolayısıyla beklenmedik saldırılar için çok elverişlidirler.

İlk hayalet savaş uçağı 1983'te kullanılmaya başlanan tek kişilik *Lockheed F-117 Nighthawk* (Gece Şahini) uçağıydı. Kanat şeklinde, son derece sıra dışı bir bombardıman uçağı olan *Northrop B-2 Spirit* (Ruh) 1989'da faaliyete sokuldu. ABD Hava Kuvvetleri tarafından kullanılan son savaş uçakları *F-22 Raptor* (Yırtıcı Kuş) ile 15 Aralık 2006 tarihinde ilk uçuşunu yapan *F-35 Lightning II* (A modeli) de hayalet uçaklardır. Çift motorlu *Raptor*'un radarda bir bilye boyutunda görüldüğü, *F-35* uçağının radar görüntüsününse bir golf topu kadar olduğu söylenmektedir.

SÜPERSONİK YOLCU UÇAKLARI

Çoğu askerî uçak süpersoniktir, yani sesten hızlıdır. Ancak sesten hızlı uçabilen sınırlı sayıda sivil uçak üretilmiştir. İlk ve tek süpersonik yolcu uçağı, İngiltere ile Fransa'nın ortak projesi olarak geliştirilen ve 1976'da hizmete giren *Concorde* uçağıydı. 16 adet *Concorde*'dan oluşan filoyu faaliyette tutmak çok maliyetliydi. Ayrıca oluşan yüksek ses patlaması yüzünden bu uçakların birçok havaalanına inmesi yasaklanmıştı. 2001'de Paris'te kalkışından kısa süre sonra düşen *Concorde*'da bulunan herkes hayatını kaybetti. Diğer 15 uçak kontrollerin ardından uçmaya devam etti ancak filo 2003'te hizmet dışı kaldı.

Yüksek irtifa ve yüksek hız

Tespit edilememek dışındaki bir diğer hava savunma yöntemi de saldırı silahlarının menzili dışında kalmaktır. *Lockheed SR-71 Blackbird* (Karakuş) 1970'ler ile 2000'ler arasında faaliyette olan bir casus uçaktı. Mach 3'ten daha hızlı uçuyor ve o kadar yükseğe çıkıyordu ki pilot uzay giysisine benzeyen bir giysi giyiyordu. *Blackbird* 3529,6 km/saat ile en hızlı jet uçağı rekorunu elinde tutuyor. Uçak düşman tarafından tespit edilse bile pilot yerden atılan bir füzeden kolaylıkla kaçabiliyor. Günümüz casus uçakları,

HAVACILIK VE UZAY

ANAHTAR

Hayalet savaş uçağı

Lockheed F-117 Nighthawk uçağının şekli ABD hükümeti tarafından 1988'e kadar gizli tutuldu. Özellikle geceleri ve bulutlu havalarda radar tarafından algılanamayacak şekilde tasarlanmıştı. Normal uçakların yüzeyleri düzgün ve aerodinamik nedenlerle yuvarlaktır, oysa *F-117* çok-köşelidir, yani birçok yüze sahiptir. Kokpitin kenarları bile sivri uçludur. Böylece düşman radarlarına tanınabilir bir nesne olarak yansımak yerine, görüntünün çeşitli yönlere saptırılması sağlanır. Motor hava girişleri radarı dağıtmak için ızgaralarla kaplanmıştır, jet nozulları da geniş ve düzdür, böylece sıcak egzoz gazlarının çıkarken yayılması ve uçağın ısı güdümlü füzelere hedef olmaması sağlanır. Ancak tespit edilmesini zorlaştırmak için aerodinamik özellikten, hız ve manevra kabiliyetinden feragat edilmesi gerekmiştir. Bu yüzden *F-117*, uçurulması hayli zor bir uçaktır. Yönlendirilmesini kolaylaştırmak için dijital kontrol merkezi konmuştur, buna rağmen pilotlar uçağa "titrek cin" ismini takmıştır. *F-117*'nin en büyük üstünlüğü yavaş da olsa hedefine gizlice yaklaşabilmesi, fotoğraf veya film çekebilmesi ve güdümlü füze veya akıllı bomba atabilmesidir. Ancak bu hayalet uçak saldırılara karşı hiç de korunaklı değildir. 1999'da bir *F-117* yerdeki nişancılar tarafından füzeyle vurulmuştur.

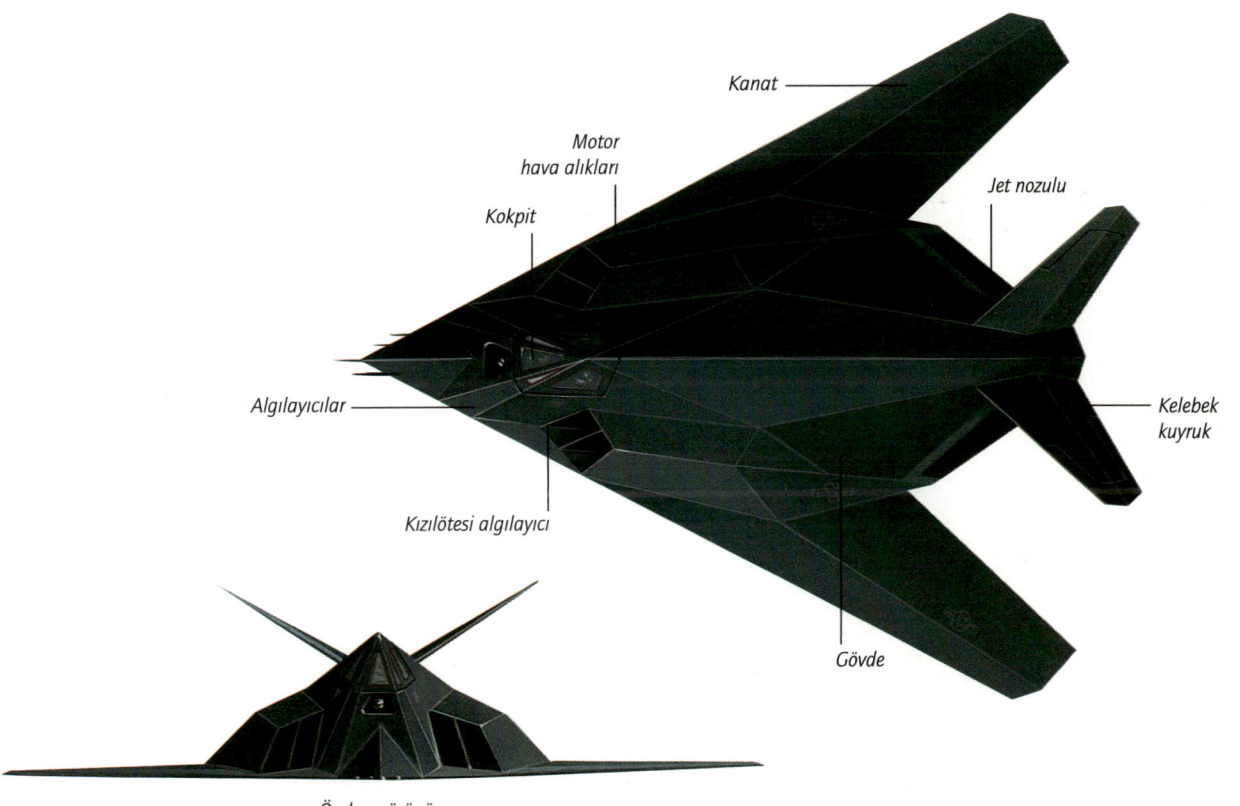

Kanat

Motor hava alıkları

Jet nozulu

Kokpit

Algılayıcılar

Kelebek kuyruk

Kızılötesi algılayıcı

Gövde

Önden görünüş

JET ÇAĞI

MQ-1 Predator (Yırtıcı Kuş), pervaneli bir insansız hava aracıdır. İnsansız hava araçları, düşmanı gözetlemek ve silahları uzaktan kumandayla ateşlemek için kullanılır.

imha edildiğinde kolayca yenisiyle değiştirilebilen "insansız hava aracı" adı verilen uzaktan kumandalı ve pilotsuz uçaklardır. Bu yüzden çok hızlı veya yüksek irtifada uçmaları gerekmez.

F-35 Lightning II ABD, İngiltere, Türkiye, İtalya, Hollanda, Kanada, Avustralya, Danimarka ve Norveç tarafından ortaklaşa üretilmektedir. Klasik iniş kalkış yapabilen F-35A, kısa mesafe kalkış, dikey iniş yapabilen F-35B ve uçak gemilerinde kullanılan F-35C olmak üzere üç modeli vardır.

BİLİYOR MUYDUNUZ?

- *Bell X-1* uçağının tek roket motoru vardı. Uçağın en yüksek hızı saatte 1531 km, kanat açıklığı 8,5 m'ydi.
- *Concorde* uçağının dört turbojet motoru vardır. Uçağın en yüksek hızı saatte 2226 km, kanat açıklığı 25,6 m'dir.
- *Lockheed F-117 Nighthawk* uçağının çift turbofan motoru vardır. Uçağın en yüksek hızı saate 1034 km, kanat açıklığı 13 m'dir.

Gelecek

Askerî havacılıktaki gelişmelerin uygulamaya geçirilmesinin ardından birkaç yıl boyunca gizli tutulması sıra dışı bir şey değildir. Yerdeki kontrol odasından idare edilen robot uçakların geleceğin hava savaşlarında yaygın olarak kullanılması beklenen bir gelişmedir. Sivil uçaklarda yakıt tasarrufu için metal gövde yerine hafif malzemelerin kullanımı arttıkça uçuşlar daha verimli hâle gelecek, yolcu uçakları büyüyüp daha uzun mesafelerde uçabilecektir.

Kokpit — Motor hava alığı — Metal olmayan malzemelerden yapılan gövde

İniş takımı

HAVACILIK VE UZAY

ANAHTAR

Savaş helikopteri

Burada gösterilen helikopter Boeing tarafından yapılmış olan *AH-64 Apache*'dir. ABD ve başka bazı ülkelerin orduları tarafından kullanılan bir saldırı helikopteridir. *Apache* savaş alanlarında kullanılmak için hızlı, aynı zamanda manevra kabiliyeti yüksek olacak şekilde tasarlanmıştır. Çoğu helikopterle aynı yapısal özellikleri paylaşır. Turboşaft jet motoru ile çalışan kuyruk ve ana rotor takımları kaldırma kuvveti üretmek için kullanılır. Rotor paleleri döndükçe aerodinamik profil özelliği, yani kaldırma kuvveti üreten eğri "kanat" şekli kazanır. Kanat üzerindeki basınç azalırken kanat altındaki basınç aynı kalır. Bu basınç farkı helikopteri yerden kaldırır. Rotor göbeğindeki menteşeler pilotun rotor palelerinin açılarını değiştirerek aracı yönlendirmesine olanak sağlar. Örneğin, helikopterin burnu üzerinden geçerken kanatların açılarını artırmak, aracı geriye doğru uçurur. Bu helikopterin kuyruk tekerleği vardır; diğerlerindeyse suya iniş için şişme şamandıralar ya da sert veya yumuşak zemine inmeleri için kayaklar bulunur. *Apache*'de bir pilotla bir nişancı için yer vardır. Silahlar nişancının kaskına bağlantılı bir sistemle hedefe kilitlenir. Nişancı nereye bakarsa lazer güdüm sistemi orayı takip eder, böylece füzeler mürettebatın görebildiği her yeri vurabilir.

Apache helikopteri 1986'da hizmete girmiştir. Her iki yanına takılmış iki motoru vardır. Motorlardan biri bozulursa diğeri helikopteri güvenli bir iniş alanına ulaştırmak için yeterli güce sahiptir.

Rotor palesi
Rotor göbeği
Kuyruk rotoru
Pilot
Nişancı
Silah hedefleme sistemi
Kuyruk tekeri
İniş takımı

UZAY ÇAĞI

Havacılıktaki gelişmeler atmosferin sınırlarını aşmıştır. Uzay araçları Dünya'yı geride bırakarak uzayda uçabilir. Ancak uzay uçuşu, kaldırma kuvveti oluşturmak için gereken hava uzayda olmadığından yeni buluşlar gerektirmiştir.

Uzay araçları roketle çalışır. Atmosfer dışında sadece roketler çalışır çünkü diğer motor tiplerinin aksine, roketler yakıtlarını yakmak için havadaki oksijene ihtiyaç duymaz.

Roketler Çinliler tarafından daha 13. yüzyılda silah olarak kullanılıyordu. Kısa süre sonra roket Arap

YERÇEKİMİNİ YENMEK

Uzay seyahati için –ve genel olarak uçuş için– en büyük engel her zaman yerçekimi olmuştur. Kütleçekimi iki nesneyi birbirine çeken kuvvettir. İngiliz fizikçi Isaac Newton (1643-1727) tarafından keşfedilen kütleçekimi yasası, bu kuvvetin büyüklüğünün iki nesnenin kütlesi ve onları ayıran mesafeyle belirlendiğini söyler. Dünya'nın kütleçekimine yerçekimi de diyoruz. Bir nesne havadan bırakıldığında yerçekimi onu Dünya'ya doğru çeker. Havada kalmak için bir uçağın veya uzay aracının aşağı yönlü yerçekimi kuvvetinden daha büyük bir yukarı yönlü kuvvet, yani kaldırma kuvveti üretmesi gerekir. Ancak uçak kanatları ve motorları atmosfer dışında çalışmaz. Şimdilik Dünya'dan ayrılmak ve uzay boşluğunda çalışmak için yeterince güçlü tek motor rokettir.

Titan-Centaur roketi 1974'te Florida'daki Cape Canaveral Hava Üssü Kennedy Uzay Merkezi'nden havalanırken.

HAVACILIK VE UZAY

ROKETİN ÖNCÜSÜ

Rus öğretmen Konstantin Çiolkovski (1857-1935) uzayda uçmak için roket kullanmayı öneren ilk insandı. Hatta bugün büyük roketler tarafından kullanılan yakıtlar olan soğutulmuş sıvı hidrojen ve sıvı oksijenle çalışan, sıvı yakıtlı bir roket önerisi de olmuştu.

Çiolkovski aynı zamanda "roket treni" olarak isimlendirdiği çok kademeli bir roket icat etti. Roketler uzaya ulaşmak için büyük miktarda yakıt taşımak zorundadır ancak roket büyüdükçe ağırlığı da artar. Uzaya ulaştığında ise boş yakıt tankının fazladan ağırlığını da kendisiyle birlikte sürüklemiş olur. Çok kademeli roketlerin, boyutları gittikçe küçülen bölümleri vardır. Her kademenin kendi sıvı yakıt tankları ve motoru bulunur. İlk ve en büyük kademe roketi yerden kaldırmak için itki kuvvetini sağlar, bazen katı veya sıvı olan yakıt güçlendiricileriyle desteklenir. İlk kademeler yakıtları tükendikçe aracın geri kalanından ayrılıp Dünya'ya düşer. Ardından sonraki kademenin roket motoru ateşlenir ve hafifleyen roket uzayın derinliklerine taşınır. Üst kademeler ilk kademeye göre daha az yakıt taşımasına rağmen daha düşük bir ağırlığı çektiği için araca daha çabuk ivme kazandırır.

dünyasına da ulaştı. Batı dünyasında ise daha çok havai fişek olarak kullanılıyordu; İngiliz topçu subayı Sir William Congreve (1772-1828) roketten silah olarak kısa bir süreliğine faydalanmıştı. Uzayda roket kullanma fikri ancak 1890'larda ortaya atıldı.

Çin'de icat edilmiş olan basit roket havai fişekler geleneksel bir Çin yapısı üzerinde patlarken.

20. yüzyılda Rus Konstantin Çiolkovski ve diğerlerinin teorilerinden cesaret alan birçok bilim insanı roketlere ilgi duymaya başladı. ABD'li fizik profesörü Robert Hutchings Goddard (1882-1945) öncülerden biriydi. İlk sıvı yakıtlı roketleri üreterek birçok irtifa rekoru kırdı. İkinci Dünya Savaşı (1939-1945) sırasında roketlerinin askerî amaçlarla kullanımı üzerine çalıştı ama tasarımları hiçbir zaman hizmete girmedi.

UZAY ÇAĞI

İLK ROKET TASARIMLARI

1. Çiolkovski'nin 1903 tarihli ilk uzay gemisi tasarımı sıvı hidrojenin yakıt, sıvı oksijeninse bu yakıtı yakmak için oksijen sağlayan yükseltgen olarak kullanımını öngörmüştü. Ayrıca itki kuvvetinin yönünü kontrol ederek roketi yönlendiren egzoz kanatçıkları içeriyordu.
2. Çiolkovski tarafından 1911'de tasarlanan mürettebatlı bir rokette yolcu, üst bölümün zemininde yüzü yukarı bakacak şekilde yatıyordu. Günümüz bilim insanları bu tasarımdaki kavisli yanma odasının roketin performansını büyük oranda azalttığını ortaya koydu.
3. Çiolkovski'nin 1915 tarihli roket tasarımı yakıt ve yükseltgenin yanma odasına akışını kontrol eden kapakçıkların ayrıntılarını gösteriyor. Bu tasarım ilk kez Çiolkovski'nin 1935'te basılan *Dreams of Earth and Sky* (*Dünya ve Gökyüzü Düşleri*) adlı kitabının kapağında yer aldı.
4. Amerikalı Robert Goddard tarafından 1926'da tasarlanmış, uçmayı başaran ilk sıvı yakıtlı roket, yükseltgen olarak sıvı oksijen, yakıt olarak da benzin kullanıyordu.
5. Alman mühendis Hermann Oberth tarafından 1929-1930 yıllarında tasarlanan "koni motor" da sıvı oksijen ve benzin yakıyordu. Bu basit roket 1930'larda Almanların roket denemelerinde çokça kullanıldı.
6. Oberth'in iki kademeli "Modell B" roket tasarımı hiçbir zaman üretilmemiş ancak birçok özelliği çok kademeli modern roketlerde kullanılmıştır. İlk kademe itici madde olarak sıvı oksijen ve alkol kullanırken, ikinci kademe itici madde olarak sıvı oksijen ve sıvı hidrojen kullanıyordu. Modell B'de ayrıca roketin havada dönmesini, yani roketin kontrolsüz uçmasını önlemek için dengeleyici sabit yön dümenleri bulunuyordu.

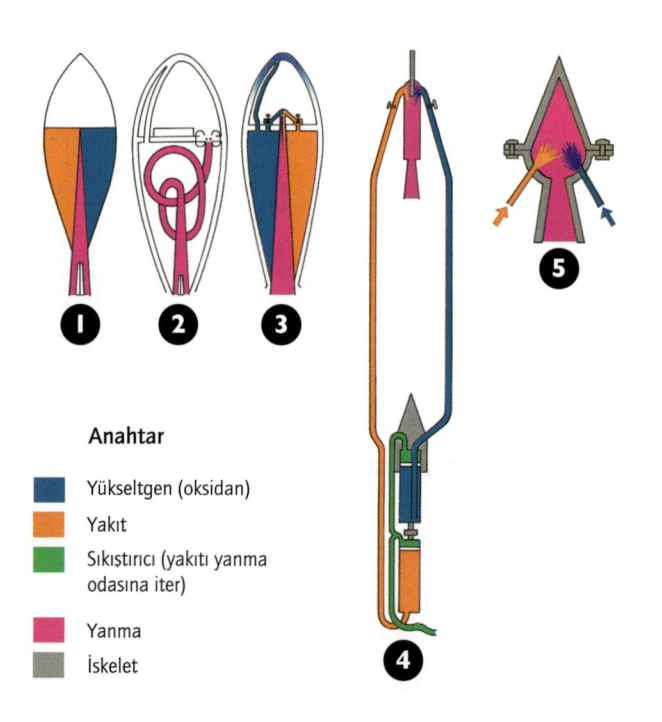

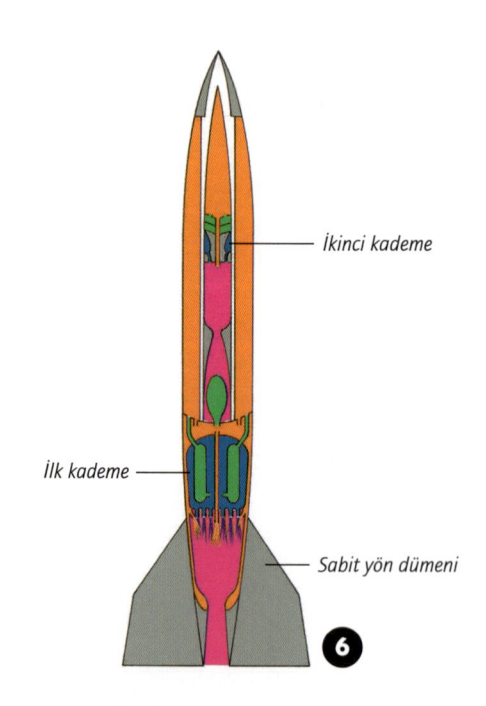

Anahtar
- Yükseltgen (oksidan)
- Yakıt
- Sıkıştırıcı (yakıtı yanma odasına iter)
- Yanma
- İskelet

İkinci kademe
İlk kademe
Sabit yön dümeni

HAVACILIK VE UZAY

BİLİMSEL İLKELER

Roketler

Newton'un üçüncü hareket yasasına göre, her etkiye karşılık eşit ve zıt yönlü bir tepki vardır. Roket motorları bu ilkeyi kullanarak itki kuvveti üretir. Roketi hareket ettiren itici maddeler yanma odasında yakılır ve ortaya çıkan sıcak egzoz gazları koni şekilli nozuldan yüksek hızla atılır. Bu etki roketi iten kuvvete ters yönde bir tepki kuvveti oluşturur. Roketler iki tip itici madde gerektirir: yakıt ve onu yakmak için oksijen sağlayan bir yükseltgen. Katı yakıtlı roketler genellikle itici maddeyle dolu bir metal silindir ve bir ucundan gaz çıkışına izin veren nozuldan oluşur. Silindir, yanma odası işlevi görür. Sıvı yakıtlı roketler daha karmaşıktır ancak kontrolleri daha kolaydır. Genellikle sıvı hidrojen olan yakıt ve yükseltgen olan sıvı oksijen ayrı tanklarda depolanır. Ayrı pompalarla yanma odasına pompalanır. Burada itici maddeler ateşlenir ve oluşan sıcak egzoz gazları roketin tabanındaki nozuldan atılır.

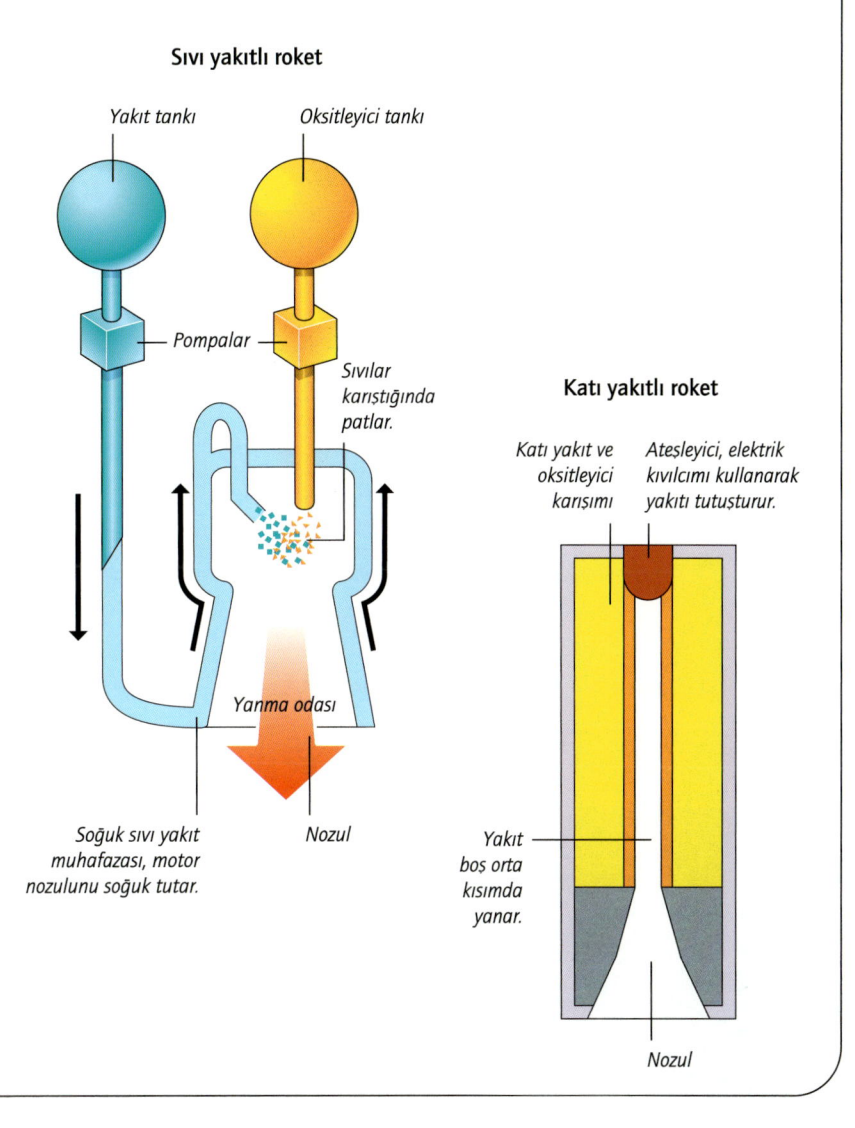

Sıvı yakıtlı roket
- Yakıt tankı
- Oksitleyici tankı
- Pompalar
- Sıvılar karıştığında patlar.
- Yanma odası
- Soğuk sıvı yakıt muhafazası, motor nozulunu soğuk tutar.
- Nozul

Katı yakıtlı roket
- Katı yakıt ve oksitleyici karışımı
- Ateşleyici, elektrik kıvılcımı kullanarak yakıtı tutuşturur.
- Yakıt boş orta kısımda yanar.
- Nozul

Almanya'nın İkinci Dünya Savaşı boyunca çok başarılı bir roket programı vardı. Program 1930'dan beri, başında öncü roketçilerden Alman fizik profesörü Hermann Oberth'in (1894-1989) bulunduğu bir ekip ve roketler üzerine araştırma yapan Wernher von Braun (1912-1977) tarafından yürütülmüştü. Von Braun'un ilk roketleri bomba taşıyan V-2'ler, İkinci Dünya Savaşı sırasında Almanya tarafından İngiltere, Fransa ve Hollanda'ya fırlatıldı ama savaşın sonucu değişmedi.

Sergey Korolev (1906-1966) roket yapımı çalışmalarında Rusya'daki büyük öncülerindendi. 1932'de roket motorları ile itme kuvveti ilkelerini inceleyen Moskova Grubu'nun başına geçti ve bir yıl sonra Sovyetler Birliği'nin ilk roketini fırlattı.

UZAY ÇAĞI

Uzay yarışı

4 Ekim 1957'de Sovyetler Birliği *Sputnik 1* adlı uyduyu başarılı bir şekilde uzaya fırlattığını açıklayarak dünyayı şaşkınlığa uğrattı. Tüm radyo alıcılarından uydunun Dünya'nın yörüngesinde dönerken çıkardığı "bip bip" sesi duyulabiliyordu. Bunun üzerine hızla harekete geçen ABD ordusu *Explorer 1* adlı ilk uydusunu Ocak 1958'de başarıyla fırlattı. Aynı yıl içinde ABD sivil uzay programını düzenlemek üzere Ulusal Havacılık ve Uzay Dairesi (NASA) kuruldu.

GPS SİSTEMİ

Dünyamız yaklaşık 20.000 km yüksekteki Navstar uydu ağı tarafından çevrelenmiş durumdadır. Bu uydular küresel konumlama sisteminin (GPS) parçasıdır. GPS cihazları, çeşitli Navstar sinyallerini toplayarak her bir uydunun konumunu hesaplamak için kullanır. Bu bilgiyle cihazın kesin konumu birkaç metre hatayla hesaplanabilir.

Dünya'dan yaklaşık 20.000 km yüksekteki Navstar yapay uyduları belli yörüngelerde döner.

Arabistan çöllerinin yerden görülmesi zor özelliklerini gösteren bir uydu radar görüntüsü. Görüntü kayalık (yeşil) ve kumluk (mavi ve mor) alanlar ile nehir yataklarını (beyaz) göstermek için renklendirilmiştir.

Günümüzde yörüngede birçok uydu bulunuyor. İletişim uydularının yörüngeleri en dıştadır; dünyadaki bütün telefon görüşmelerini, TV sinyallerini ve diğer bilgileri iletir. Dünya'ya yaklaştıkça uzay kalabalıklaşır. Uzaktan algılama uyduları uzaydan Dünya'yı inceler, hava durumunu izler, madenler için araştırma yürütür veya diğer ülkeler üzerinde casusluk yapar. Genellikle kutup yörüngelerinde bulunan bu uydular yaklaşık 1000 km yüksekliktedir.

HAVACILIK VE UZAY

BİLİYOR MUYDUNUZ?

Yörüngeler

Dünya'ya yakın yörüngeler 300-400 km yüksekte, Ekvator'a paralel olan, ulaşılmaları en kolay yörüngelerdir çünkü roketler Dünya'nın kendi dönüşünden de hız alır. Bu yörüngedeki uydular Dünya'nın çevresini yaklaşık 90 dakikada dolaşır.

Eliptik yörüngeler gerilmiş daireler veya sivri uçlu ovaller şeklindedir. Bu uydular kimi noktalarda Dünya'ya yakın geçerken kimi noktalarda uzayın derinliklerinde Dünya'dan çok uzakta yol alır. Bilimsel amaçlar için kullanılan uydular sıklıkla bu tür yörüngelerde döner, böylece Dünya'nın herhangi bir etkisi olmadan uzay koşulları hakkında bilgi toplayabilirler.

Kutup yörüngeleri kutuplardan veya kutba yakın yerlerden geçen yörüngelerdir. Dünya bu yörüngelerdeki uyduların altında döndüğü için uyduların Dünya yüzeyinin birçok bölgesini taraması mümkün olur. Ancak bu tür yörüngelere ulaşmak Dünya'ya yakın yörüngelere uydu yerleştirmeye kıyasla daha güçlü roketler gerektirir.

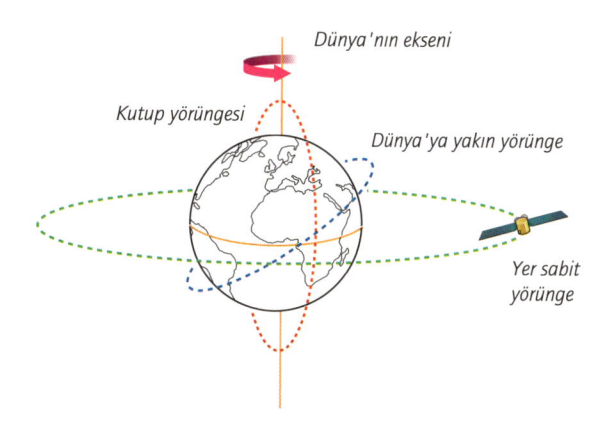

Yer sabit yörünge 1945'te İngiliz bilim kurgu yazarı Arthur C. Clarke (1917-2008) tarafından geliştirilmiştir. Ekvator'un 35.900 km üzerinde bulunan bu yörüngedeki bir uydu Dünya'yı onunla eşzamanlı olarak bir günde dolanır, dolayısıyla her zaman Dünya'daki belli bir noktanın üzerindedir. Meteoroloji uyduları ile iletişim ve radyo-televizyon yayıncılığında kullanılan uydular genellikle yer sabit yörüngeye sahiptir.

YAPAY UYDULAR

Uydu bir gezegenin etrafında belirli bir yörüngede dönen ve gezegenin kütleçekim alanı sayesinde yerinde kalan nesnedir. Ay Dünya'nın doğal uydusudur. Uçaklardan farklı olarak yapay uydular aerodinamik olmak zorunda değildir, hemen her şekilde işlevseldirler.

1 İlk yapay uydu *Sputnik 1* üst atmosferin sıcaklık ve yoğunluk verilerini bildiriyordu. Sovyetler Birliği tarafından 4 Ekim 1957'de fırlatıldı ve 84 kg ağırlığındaydı. Atmosfere düşerek yanıp yok olmadan önce Dünya'ya yakın yörüngede 1440 kez uçtu.

2 *Explorer 1* ABD'nin ilk başarılı uydusuydu. Bilim insanları bu uydu sayesinde Dünya'nın manyetik alanı tarafından yerinde tutulan radyasyon bantları ile çevrelenmiş olduğunu keşfetti. 14 kg ağırlığındaki uydu 31 Ocak 1958'de fırlatılmıştı.

3 *Sputnik 2* yörünge uçuşunun biyolojik etkilerini incelemek üzere Laika isimli bir köpek taşıyordu. Basınçlı bir kabin içinde tutulan Laika'nın kalp atış hızı ile diğer yaşam belirtileri ölçülüp Dünya'ya gönderiliyordu. 3 Kasım 1957'de fırlatılan *Sputnik 2* uydusu 508 kg ağırlığındaydı.

UZAY ÇAĞI

İnsan uzayda

Bilim insanları makineleri Dünya yörüngesine fırlatmanın yanı sıra insanları da keşif amacıyla uzaya gönderdi. Canlıların yörüngeden sağ salim dönebildiğini göstermek üzere uzaya hava takviyeli, yalıtılmış kapsüller içinde önce hayvanlar gönderildi. Ancak ilerleme kaydetmek için bu denemeleri insanları uzaya göndererek yapmak gerekiyordu.

Freedom 7 adlı uzay aracı 1961'de Merkür-Redstone (MR-3) roketi üzerinde Cape Canaveral'dan fırlatıldı. Siyah bölmenin içindeki Alan Shepard, uzaya giden ilk Amerikalıdır. Freedom 7 bir yörüngeye oturmadı, uzayda üç dakika kaldıktan sonra atmosfere düştü.

İLK ASTRONOTLAR

Mürettebatlı ilk uzay aracı, Sovyetler Birliği'ne ait *Vostok 1*, ilk astronot Yuri Gagarin (1934-1968) ile 1961'de Dünya yörüngesine oturdu. Araç otopilot tarafından idare ediliyordu. Birkaç hafta sonra Amerika Birleşik Devletleri aynı yolu izledi; Alan Shepard (1923-1998) uzaya gönderilen ilk Amerikalı, John Glenn (1921 doğumlu) ise Dünya yörüngesinde dolaşan ilk Amerikalı oldu.

Yuri Gagarin 1961'de rokete binmeye hazırlanırken. Uçuşu iki saatten az sürmüştür.

İnsanlı uzay uçuşları ilk kez 1961'de yapıldı, takip eden on yıl boyunca bu seyahatler daha uzun ve daha iddialı hâle geldi. ABD'nin *Gemini* (İkizler) uzay yolculuklarında iki kişi uzaya gönderiliyordu. Bu kişiler bazen birkaç gün boyunca yörüngede kalıyordu. İki uzay aracının kenetlenmesi de ilk kez bu yolculuklarda gerçekleştirildi. Gemini uzay yolculukları sırasında uzay aracının roketlerini ateşleyerek bir yörüngeden diğerine geçilmesi de denenmişti. Roketler aracın hızını artırmak için ateşlendiğinde daha yüksek

HAVACILIK VE UZAY

bir yörüngeye çıkılıyordu. Hareket yönünde ateşlenerek aracı yavaşlatan roketler kullanıldığında ise daha alçak bir yörüngeye geçiliyordu.

Ağırlıksızlık

Yörüngedeki bir uzay aracı aslında sürekli olarak Dünya'ya doğru çekilir ama çok yüksek hızda yol aldığı için Dünya yüzeyinden uzaklaşır. Uzay aracı ve içindekiler aynı hızda hareket ettiğinden, yerçekiminin etkisi hissedilmez, yani ağırlıksızlık ya da sıfır kütleçekimi olarak adlandırılan durum oluşur.

BİLİYOR MUYDUNUZ?

Bir uzay aracının Dünya atmosferinden daha uzağa gidip bir yörüngeye ulaşması için en az 7,8 km/saniye hızla seyahat etmesi gerekir.

Bir uzay aracının yerçekiminden kurtulması için en az 11 km/saniye hızla seyahat etmesi gerekir. Buna kaçış hızı denir.

UZAY GİYSİLERİ

İlk uzay giysileri jet pilotları tarafından giyilen basınç giysilerinin değiştirilmiş çeşitleriydi. Ancak astronotların uzay araçlarından çıkıp "uzay yürüyüşü" yapmasını sağlamak üzere 1960'ların ortalarında yeni giysiler icat edildi. Naylon ve teflon gibi hava geçirmez malzemelerden yapılan sızdırmaz muhafazalı bu dış giysilerin sıcağa, soğuğa, Güneş'ten gelen radyasyona ve uzaydaki mikrometeoroid denilen küçük parçacıklara karşı koruyucu özelliği vardır. Astronotlar sıklıkla kanın kaynama noktasının normal vücut ısısı olduğu, çok düşük basınçlı ortamlarda kalırlar. Uzay giysisinin şişme iç tabakası bu durumu önlemek için vücut üzerinde sabit bir basınç sağlar. Aşırı ısı ana giysi altındaki tüp ağında dolaşan suyla giderilir. Sert dış katman koruma sağlar ancak malzemenin kıvrımları hareketi sınırlar. Sırt çantası nefes alıp vermeyi sağlayan yaşam destek sistemini içerir. NASA ana uzay aracı etrafında dolaşabilmek için roketle çalışan bir giysi geliştirmiştir.

Dünya'ya dönüşte ise nadir de olsa görülen, ışığa karşı yüksek hassasiyet sorunu için gün ışığına çıkıldığında kullanılacak giysiler tasarlanmıştır.

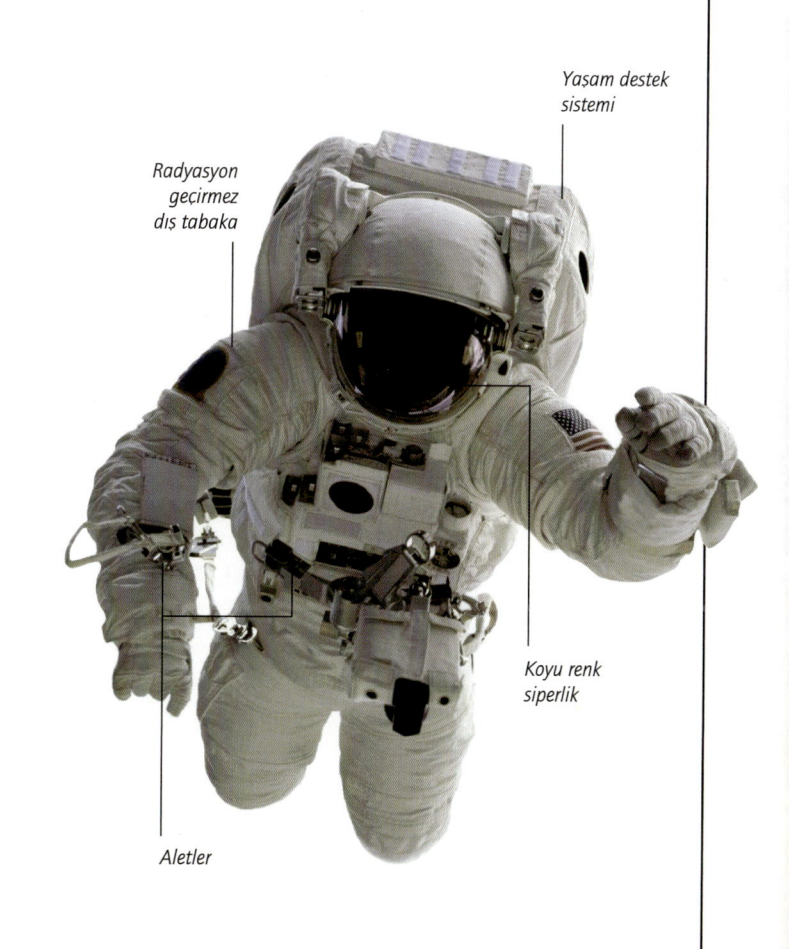

Yaşam destek sistemi

Radyasyon geçirmez dış tabaka

Koyu renk siperlik

Aletler

UZAY ÇAĞI

Ay'a ulaşma yarışı

ABD Başkanı John F. Kennedy (1917-1963) astronotları 1970 yılına kadar Ay'a gönderme hedefiyle NASA'nın Apollo Ay programını 1961'de açıklamıştı.

Apollo uzay aracının üç modülü vardı. Komuta ve hizmet modülleri Ay yörüngesinde dönmek için, Ay modülü ise araçtan ayrılıp Ay'ın yüzeyine inmek için tasarlanmıştı. Apollo uzay aracı devasa *Saturn V* roketi ile uzaya taşındı.

Bir dizi test çalışmasından sonra *Apollo 11* seferi 16 Temmuz 1969 tarihinde başlatıldı. 20 Temmuz'da, astronotlar Buzz Aldrin (1930 doğumlu) ve Neil Armstrong (1930-2012) *Eagle* adlı Ay modülüne geçerek Ay yörüngesinde bulunan Michael Collins (1930 doğumlu) yönetimindeki *Apollo* kapsülünden ayrıldı. Yavaşlatma roketleri olan Ay modülü Ay'daki Sessizlik Denizi'ne mükemmel ve yumuşak bir iniş yaptı. Neil Armstrong dışarı çıkarak Ay'a ayak basan ilk insan oldu. Toplamda tamamı erkek 12 Amerikalı Ay'ı ziyaret etti. Aralık 1972'den beri ise kimse Ay'a ayak basmadı.

Buzz Aldrin Ay yüzeyinde fotoğraf için poz verirken. Aldrin'in siperliğinde ekip arkadaşı Neil Armstrong (fotoğrafı çeken) ve Ay modülünün yansıması görülüyor.

ANAHTAR

Satürn V Ay roketi

Bu devasa roket her biri kendi motoruyla çalışan üç kademeden oluşur. Fırlatma kaçış sistemi fırlatma anında oluşacak herhangi bir aksilik durumunda ayrılarak komuta modülündeki mürettebatı güvenli bir yere taşıyabilecek küçük bir roketti.

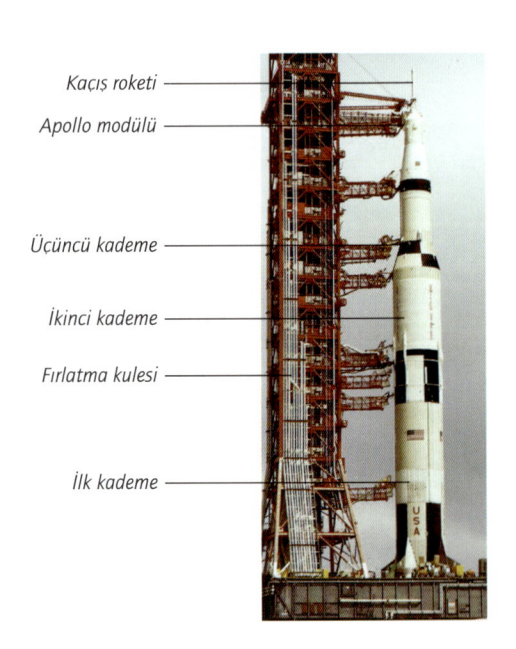

- Kaçış roketi
- Apollo modülü
- Üçüncü kademe
- İkinci kademe
- Fırlatma kulesi
- İlk kademe

HAVACILIK VE UZAY

APOLLO UZAY YOLCULUKLARI

Apollo uzay yolculukları bugüne kadar gerçekleşen en karmaşık ve iddialı seferler arasındadır. Aşağıdaki şekil Ay'a yolculuğun temel aşamalarını gösteriyor.

1 *Saturn V* havalanarak Dünya çevresinde yörüngeye girer.
2 *Apollo* uzay aracı yörüngeyi terk eder. Komuta ve servis modülü ayrılarak Ay modülüne bağlanır.
3 Ay modülü ile komuta ve servis modülü aracın hareket yönünde ateşlenen yavaşlatma roketleriyle hız azaltarak Ay yörüngesine girer.
4 Ay modülü ayrılır ve iniş için hazırlanır. Komuta ve servis modülü Ay yörüngesinde kalmaya devam eder.
5 Ay modülü radarla irtifasını ölçer ve Ay yüzeyine yaklaşıp yumuşak iniş yapmak için yavaşlatma roketlerini ateşler.
6 Ay modülü yükselme aşamasında Ay'dan kalkarak yörüngedeki komuta ve servis modülü ile yeniden birleşir. Tüm astronotlar Ay modülünden ayrılıp komuta ve servis modülüne döner. Ay modülü Ay'a çarpmak üzere bırakılırken komuta ve servis modülü Dünya'ya dönmek üzere yola çıkar.
7 Komuta modülü atmosferde yanıp yok olacak servis modülünden ayrılarak atmosfere girer ve paraşütlerle hızını azaltıp Pasifik Okyanusu'na güvenli bir iniş yapar.

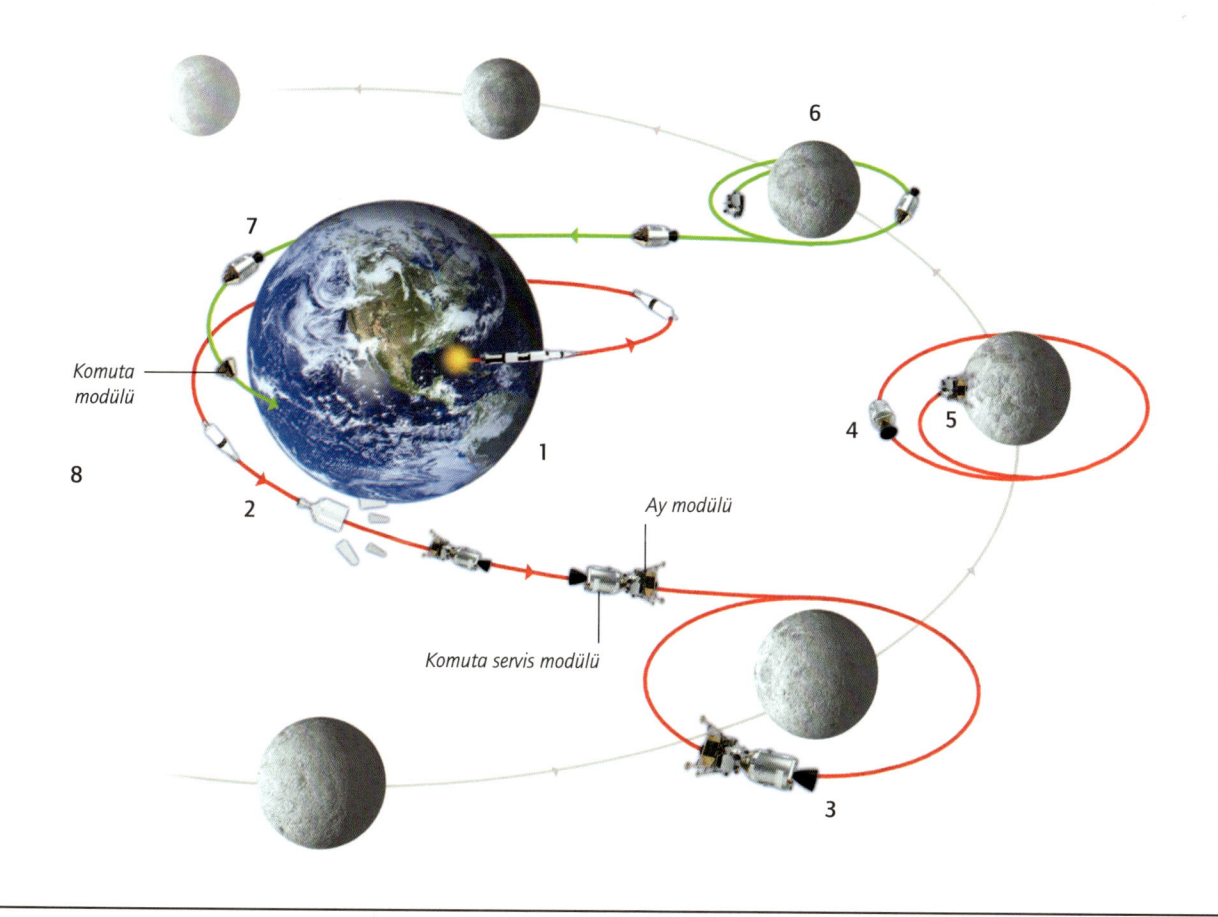

45

UZAY ÇAĞI

Uzay mekiği

İlk uzay mekiği *Columbia* 1981'de fırlatıldı. *Columbia* ve dört kardeş uzay aracı *Challenger, Discovery, Atlantis* ve *Endeavour*, ABD uzay programının belkemiğini oluşturuyordu. Karmaşık uydu fırlatma işlemlerini gerçekleştirebiliyor, onarım ve kurtarma görevleri yapabiliyor, hatta *Spacelab* uzay laboratuvarını yörüngeye taşıyabiliyordu. Mekik, uzay uçuşlarını olağan hâle getirmişti ki *Challenger* trajik bir şekilde, Ocak 1986'daki fırlatma esnasında patladı ve tüm mürettebat hayatını kaybetti. Emniyet özellikleri geliştirildiği hâlde bu kez Şubat 2003'te atmosfere döndüğünde *Columbia* da parçalandı. NASA araçları uzaya roketle gönderme uygulamasına geri dönerek mekik programına 2011'de son verdi.

30 yıllık sürede 130'dan fazla uzay mekiği uçuşu gerçekleştirildi. En çok uçuş yapan mekik 38 kez havalanan Discovery idi.

TOPLUM VE BULUŞLAR

Uzay çalışmalarının yan ürünleri

Uzay araştırmaları çok yüksek maliyeti nedeniyle zaman zaman eleştirilmiştir. Ancak bilim insanları ve uzay mühendisleri tarafından gerçekleştirilen birçok ilerleme günlük kullanımda yer buldu. Bu "yan ürünlerin" birçoğu tıp alanındadır. Başlangıçta uydu ile iletişim kurmak için kullanılan NASA'nın çift yönlü iletişim teknolojisi, düzensiz kalp atışları olan hastalar için ileri düzeyde kalp pilleri geliştirilmesine önayak oldu. Artık doktorlar kalp pillerini dışarıdan ayarlayarak hastanın kalp atışlarını düzenleyebiliyor. Cerrahi kalp pompaları da havacılıktaki motor pompa teknolojileri sayesinde geliştirildi. Uzayda uzun zaman geçiren astronotların kalpleri ve kasları zayıflar. Uzay mekiği yolculuklarında mürettebatın fiziksel muayenelerini yapmak ve sonuçları Dünya'daki doktorlara göndermek için Teletıp Aletleri Paketi (TAP) kullanıldı. TAP uzak bölgelerde yaşayan ve yeterli eğitimi olmayan bölge personelinin, diğer bölgelerdeki sağlık görevlilerinden danışmanlık alması amacıyla kullanılabiliyor. Böylece doktor bulunmayan bölgelere sağlık hizmeti ulaştırılmış oluyor.

Uzay bilimi sayesinde artık doktorlar kalp pillerini vücut dışından ayarlayabiliyor.

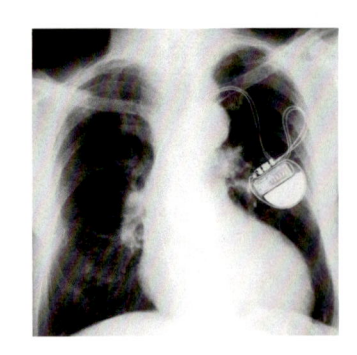

HAVACILIK VE UZAY

UZAY MEKİĞİ YOLCULUĞU

1 Katı yakıtlı roket güçlendiricileri Kennedy Uzay Merkezi'nin Araç Montaj Binası'ndan mobil fırlatma platformu üzerinde duran boş bir yakıt tankına bağlanır.

2 Yörünge aracı, yardımcı roketlere ve harici tanka bağlandıktan sonra tüm yapı fırlatma merkezine taşınır.

3 Harici tankın alt bölümü sıvı hidrojenle, üst bölümü sıvı oksijenle doldurulur. Kalkış iki yardımcı roket ve yörünge aracının üç ana roket motoru ile sağlanır.

4 Kalkıştan iki dakika sonra, 45 km irtifada yardımcı roketler ayrılır.

5 Yörüngeye ulaşmadan önce, 109 km irtifada ana motorlar kapanır ve harici tank ayrılır.

6 Yörünge aracı üzerindeki iki küçük manevra roketi, yörüngeye girmek için kullanılır.

7 Yörünge aracı Dünya'ya dönüş yolunda yönünü tersine çevirir ve tekrar atmosfere girerken uzay aracını yavaşlatmak üzere ana motorlarını ateşler.

8 Dünya atmosferinde araç tıpkı bir uçak gibi süzülür, 364 km/saate kadar çıkabilen bir hızla piste iniş yapar. Kontroller ve onarımların ardından yörünge aracı tekrar kullanılabilir.

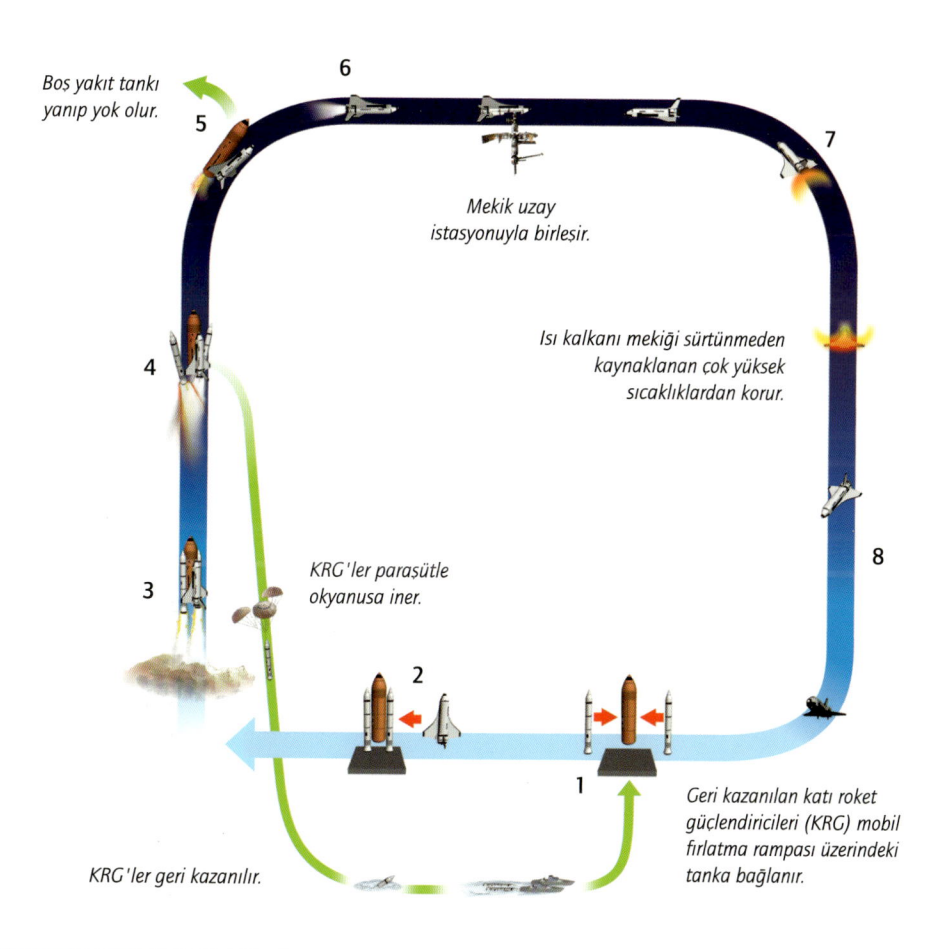

Boş yakıt tankı yanıp yok olur.

Mekik uzay istasyonuyla birleşir.

Isı kalkanı mekiği sürtünmeden kaynaklanan çok yüksek sıcaklıklardan korur.

KRG'ler paraşütle okyanusa iner.

KRG'ler geri kazanılır.

Geri kazanılan katı roket güçlendiricileri (KRG) mobil fırlatma rampası üzerindeki tanka bağlanır.

47

UZAY ÇAĞI

Uzay istasyonlarının elektrik gereksinimi büyük güneş panelleri tarafından sağlanır. Paneller Güneş'ten gelen enerjiyi elektrik akımı oluşturmak için kullanır. Uluslararası Uzay İstasyonu'nun güneş panelleri bir futbol sahasının yarısını kaplayacak büyüklüktedir.

Uzay istasyonları

1970'lerde NASA ile rakibi Sovyet Uzay Ajansı dikkatlerini yeterince büyük, mürettebatın uzun süre hatta kalıcı olarak yaşaması için gerekli donanıma sahip uydular üretmeye yöneltti. Uzay istasyonu böylece doğdu. Uzay istasyonları büyük oranda ağırlıksızlık ve uzay boşluğu üzerine deney yapılabilen laboratuvarlar olarak kullanılıyor.

    SSCB ilk uzay istasyonu *Salyut 1*'i 1971'de fırlattı. Bunu altı *Salyut* istasyonu izledi, son istasyon *Mir* 1986'da kuruldu. Bu arada NASA da *Apollo* yolculukları sırasında geliştirilen teknolojiye dayanan *Skylab* projesini oluşturdu. 1979'da Dünya atmosferinde yanıp yok olan *Skylab*'a 1973'te üç yolculuk yapıldı.

UZAY İSTASYONU TASARIMLARI

Uzay istasyonları mürettebatın uzun süre uzayda kalması için gereken her şeye sahiptir. Örneğin *Salyut 1* dört modülden oluşuyordu. Bir ucunda istasyonu yörüngesine götürecek küçük roketler bulunan bir itki ünitesi vardı. Ortadaki iki kapsülde yataklar, atölyeler ve egzersiz teçhizatı bulunuyordu –astronotlar uzaydaki ağırlıksızlığın neden olduğu kas kayıplarını önlemek için düzenli olarak egzersiz yapmak zorundadır. İstasyonun diğer ucunda bir hava kilidi ve astronotların uzay aracını bağlamaları için kenetlenme iskelesi vardı. Daha sonraki uzay istasyonlarında otomatik besleme kapsüllerinin veya ziyaretçi astronotların kenetlenmelerini sağlamak üzere iki iskele daha oluşturuldu. İki araç aynı anda kenetlenebildiği için istasyonun yolculuklar arasında boş kalması gerekmiyordu. Uzay laboratuvarları yerçekimi tarafından bozulmamış mükemmel kristaller gibi malzemeler üretmek ve ağırlıksızlığın bitkilerle hayvanlar üzerindeki etkilerini incelemek için kullanıldı. Gelecekte kimi malzemeleri ve ilaçları uzayda üretip Dünya'ya göndermek daha ekonomik olabilir.

HAVACILIK VE UZAY

TOPLUM VE BULUŞLAR

Uzay turistleri

İlk özel uzay aracı *SpaceShipOne* uzaya 2004'te fırlatıldı. Aynı yılın Ekim ayında bu roket sadece iki hafta içinde iki kez uzaya uçan ilk araç oldu. Şimdi aynı fırlatma sistemi uzaya ücretli yolcu göndermek için geliştiriliyor. Aracın *SpaceShipTwo* adlı daha büyük modelinde altı yolcu ile iki pilot için yer bulunuyor. Bu uzay aracı serbest bırakılmadan önce jet motorlu *White Knight Two* adlı aracın altında 15.000 m yüksekliğe taşınıyor, ardından roketleri aracılığıyla 100 km irtifaya çıkıyor. Uzayda geçirilen birkaç dakikanın ardından *SpaceShipTwo* yeryüzüne geri dönüyor.

Uluslararası Uzay İstasyonu'nun (ISS) yapımına dünyanın başlıca uzay ajansları NASA, Rusya Uzay Ajansı ve Avrupa Uzay Ajansı'nın (ESA) ortak girişiminin yanı sıra diğer birçok ülkenin katkılarıyla 1998'de başlandı. Ekim 2000'den beri ISS'te sürekli olarak, en az iki astronottan oluşan bir mürettebat bulunuyor. İstasyon 2011 yılında tamamlanmıştır ve en az 2020 yılına kadar çalışmaya devam edecektir.

Günümüzde uzay uçuşları

İnsanlı uzay uçuşlarının geleceği belirsizdir. 2020'de Ay'a yapılacak mürettebatlı bir yolculuk için geliştirilen planlar iptal edilmiş, uzay mekiğini mürettebatlı bir yörünge aracıyla değiştirmek üzere herhangi bir plan da yapılmamıştır. ISS'e giden tüm ekipler Kazakistan'daki *Star City* tesisinden havalanıyor. Ekipler ilk kez 1960'larda kullanılmış olan Rus uzay aracı *Soyuz* modülleriyle yolculuk ediyor. Çin ise ilk Çinli astronotu 2003'te yörüngeye taşıyan *Shenzhou* uzay aracını geliştirdi.

En yeni Amerikan uzay aracı bir roket üzerinde fırlatılan ve küçük bir kargo bölümü bulunan mürettebatsız mekik *X-37*'dir. *X-37*, 2010'daki ilk uçuşunda uzaktan kumandayla Dünya'ya geri getirilmeden önce sekiz ay yörüngede kaldı.

BAŞKA DÜNYALARI KEŞFETMEK

Uzay çağı, insanların diğer gezegenleri ve Güneş Sistemi'nin uzak köşelerini keşfetmesine olanak sağladı. Söz konusu mesafeler insanlı uçuşlar için çok uzun olduğundan, yerlerine robotlar ve uzaktan kumandalı araçlar gönderiliyor.

Güneş Sistemi'ndeki diğer gezegenler bizim için binlerce yıl keşfedilmeyen, çok uzak yerler olarak kaldı. Son birkaç yüzyıldır buraların başka dünyalar olduğunu biliyorduk ama yakın zamana kadar buralar sadece yeryüzündeki teleskoplarla gökbilimciler tarafından incelenebiliyordu. Evren üzerine çalışmalarımız da yıldızların ışığını bozan ve emen atmosfer tarafından engelleniyordu.

Farklı görüntülerin birleştirilmesiyle oluşturulmuş, Satürn Sistemi'nin gezegeni ve başlıca uydularını gösteren bir resim. Görüntüler uzay incelemeleri sırasında kaydedilmiştir.

Uzay Çağı bu durumu tümden değiştirdi. 1950'lerden beri Dünya yörüngesine onlarca uydu yerleştirildi. Evrenden gelen ışık artık uzay boşluğunda incelenebiliyor. Daha da iddialı bir şekilde, Güneş Sistemi'ndeki tüm gezegenlerde ve ötesinde, yıldızlararası uzayda araştırmalar yapılıyor.

İlk Sovyet uydusu *Sputnik 3*, 1958 yılının Mayıs ayında fırlatıldı. Bu yolculukta bir radar dedektörü taşınarak yolculuğun eliptik yörüngesi, Van Allen Kuşakları ve uzayın derinliklerindeki kozmik ışınlar ölçüldü. *Sputnik 3* aynı zamanda verilerin yörünge

HAVACILIK VE UZAY

AY'A İNİŞ

İlk Ay sondaları Ay yüzeyine çarpmadan önce veri göndermek için tasarlanmış basit cihazlardı. Sondanın Ay'a güvenle indirilmesi zordu. Nispeten düz ve sert bir alana indirilebilmesi için önce konumlandırma ve kontrol özelliklerinin iyileştirilmesi gerekiyordu. Ayrıca araç yüzeye yaklaştığında hızını azaltmak için ek roketlere ihtiyaç vardı (Ay'ın atmosferi olmadığından inişi yavaşlatmak için paraşütler kullanılamıyordu). Bu özellikler sondanın ağırlığını artıracağından, fırlatma için çok daha güçlü bir roket gerekliydi. Ay'a yumuşak iniş yapan ilk sonda 1966 yılının Ocak ayında Sovyetler Birliği tarafından fırlatılan *Luna 9* oldu. Sonda fotoğraflar çekti, radyasyon ölçümleri yaptı ve verileri radyo kanalıyla Dünya'ya gönderdi. NASA'nın *Surveyor I* sondası da dört ay sonra Ay'a indi. Sovyet Uzay Ajansı bilimsel veri toplamak ve Ay'dan alınan kaya örneklerini Dünya'ya getirmek için Ay'a insan göndermek yerine bir dizi gelişmiş sonda kullandı.

Luna 9 Ay'a iniş yapan ilk uzay aracıydı.

Astronot Charles Conrad Apollo uzay aracının (resimde sağ üstte) 1969'da Ay'a ulaşmasından birkaç yıl önce Ay'a inen *Surveyor III* sondasını kontrol ediyor.

UYDUNUN İCADI

İlk başarılı ABD uydusu *Explorer 1* Iowa Üniversitesi'nden James van Allen (1914-2006) tarafından, uzayda kullanılması için yapılmış bir radyasyon dedektörü taşıyordu. Van Allen Dünya yüzeyine neredeyse hiç ulaşmayan yüksek enerjili "kozmik ışınlar" üzerine çalışmayı umuyordu. *Explorer 1* 1958 yılı Ocak ayında fırlatılıp yörüngeye girdi ancak belirli bölgeler üzerindeyken radyasyon dedektörü kontrolden çıkıyordu. Bu bölgeler radyasyon tutan alanlardı ve "Van Allen Kuşakları" olarak adlandırıldı.

BAŞKA DÜNYALARI KEŞFETMEK

boyunca depolanmasını ve uydu SSCB üzerinden geçerken depolanan bu verilerin yer istasyonlarına iletilmesini sağlayan yeni bir iletişim sistemine de öncülük etti.

Bu başlangıç çalışmalarından sonra hem NASA hem de Sovyet Uzay Ajansı çok sayıda uydu fırlattı. Uydular uzay araştırmalarında birçok ulustan bilim insanının işbirliği içinde çalıştığı bir alandır. Her bir uydu çoğunlukla kendine ait bir uzay programı olmayan ülkelerdeki üniversiteler ve araştırma enstitüleri tarafından yapılmış birçok aygıtı ve deney düzeneğini taşır.

Ay'a gönderilen sondalar

Ay'a ulaşan ilk uzay aracı 1959'da fırlatılan mürettebatsız Sovyet sondası *Luna 2*'dir. Güçlü bir roket, sondayı Dünya yörüngesinin dışına taşıdı ve fırlatmanın hassas zamanlaması sondanın Ay ile çarpışmayacağı bir rotaya girmesini sağladı. *Luna 2* bir dizi bilimsel aygıt taşıyor, toplanan verileri radyo bağlantısıyla Dünya'ya

TOPLUM VE BULUŞLAR

Mars'ta hayat

Mars'ta hayat olabileceği fikri yüzyıllardır insanları etkilemiştir. Bazı gökbilimciler gezegenin yüzeyinde dünya dışı uygarlıklar tarafından inşa edilmiş olması muhtemel, büyük kanal ağları gördüklerini bile düşündüler. Ancak yeryüzündeki teleskoplar bu görüşe yeterince ışık tutacak kadar güçlü değildi.

War of the Worlds (Dünyalar Savaşı) adlı romanında İngiliz yazar H. G. Wells (1866-1946) Marslıları Dünya'yı ele geçirmek isteyen kan dondurucu bir ırk olarak tasvir ediyordu. Ancak gerçek o kadar çarpıcı değildir –1976'da Mars'ı ziyaret eden *Viking* uzay araştırma aracı gezegenin tozlu yüzeyinde kanallar veya canlılar olduğuna dair hiçbir kanıt bulamadı.

HAVACILIK VE UZAY

ulaştırıyordu. Bir ay sonra fırlatılan *Luna 3* daha da başarılı oldu, Ay'ın uzak tarafının ilk resimlerini gönderdi. Dijital fotoğraf makineleri henüz icat edilmemişti, bu yüzden sonda, film kamerasıyla kayıt yaptı. Film araçta yıkanıp işlendikten sonra tarandı ve Dünya'ya radyo kanalıyla gönderildi. Görüntü kalitesi çok düşüktü ancak Sovyet bilim insanları yeni kullanılmaya başlanan bilgisayarlar yardımıyla görüntüleri iyileştirmeyi başardı.

MARINER UZAY YOLCULUKLARI

Mariner uzay araştırma araçları başka gezegenleri ziyaret etmek için gönderilen ilk uzay araçlarıdır. *Mariner 2* (yukarıda) Aralık 1962'de Dünya'ya en yakın gezegen olan Venüs'e uçtu. Aracın elektrik enerjisi güneş panelleri tarafından sağlanıyordu, araç aynı zamanda rota düzeltmeleri, algılayıcılar, kameralar ve diğer araştırma gereçleri için roket motoruyla donatılmıştı. Uzmanlar komutları araca radyo kanalıyla gönderiyordu. Araç radyo dalgalarını kullanarak kalın bulutların arasından yaptığı incelemede, Venüs'ün yüzey sıcaklığının yaklaşık 400°C olduğunu ortaya çıkardı.

NASA'nın sonraki hedefi Mars'a ziyaret, Temmuz 1965'te *Mariner 4* tarafından gerçekleştirildi. 1960'lı yılların ikinci yarısı ile 1970'lerde başka *Mariner* araçları da hem Mars'ı hem Venüs'ü ziyaret etti. *Mariner 9*, 1971'de Mars yörüngesine girip gezegenin yüzeyinin ayrıntılı fotoğraflarını gönderdi.

1974'te *Mariner 10* Merkür gezegenini ziyaret eden ilk ve tek uzay araştırma aracı oldu. Araç Venüs'e doğru uçmuş, Merkür'e giden rotaya savrulmak için Venüs'ün yerçekimini kullanmıştı. Bu yöntem yerçekimsel sapan olarak adlandırılır. *Mariner 10* daha devrimci bir fikir olan güneş yelkeni için de bir deneme aracı oldu. Uzmanlar *Mariner*'in güneş panellerinin eğimini değiştirdi. Aracı yörüngeler arasında, Güneş'ten yayılan yüklü parçacıkların sürekli akımı, yani Güneş rüzgârı sayesinde ilerleyen bir hâle getirdiler.

BAŞKA DÜNYALARI KEŞFETMEK

🔑 ANAHTAR

Viking yörünge ve iniş araçları

Viking sondaları bilim insanlarına Mars yüzeyine ilk kez yakından bakma imkânı verdi. Bu iki araç *Apollo*'dan beri NASA tarafından yapılan en iddialı uzay araçlarıydı. Her birinde *Mariner* uzay aracını temel alan bir yörünge aracı ile *Surveyor* Ay inceleme aracından türetilen bir iniş aracı bulunuyordu. Fırlatma sırasında 3519 kg ağırlığındaki uzay aracı güçlü *Atlas-Centaur* roketleriyle Dünya yörüngesinin dışına çıkarıldı. Ardından yörünge aracındaki bir bilgisayar uzay aracının kontrolünü devraldı. Yolculuk Güneş'in ve Canopus yıldızının konumlarını kullanarak yönlendiriliyordu. Sondanın konumu ve durumu hakkındaki bilgiler iletişim antenleri kullanılarak radyo kanalıyla Dünya'ya gönderiliyordu. Sonda Dünya'daki operatörler yerine araçtaki bilgisayar tarafından kontrol ediliyordu. Çünkü ışık hızıyla yol alan radyo sinyallerinin Dünya'dan Mars'a ulaşması yaklaşık 20 dakika sürüyordu. Uzay aracı Mars'a yaklaştığında güç motoru ateşlendi ve araç sabit bir yörüngeye yerleştirildi. Ardından iniş aracı yörünge aracından ayrıldı. Paraşütler ve roketler sayesinde yavaşlayarak Mars yüzeyine indi. Yörüngede kalan araç, iki kamera, yüzeyin ve atmosferin sıcaklığını ölçebilen bir ısıölçer ve Mars atmosferindeki su miktarını ölçen bir su buharı dedektörü kullanarak gezegeni kapsamlı bir şekilde inceledi. *Viking* iniş aracı hava ve deprem ölçümleri için kamera ve cihazlar taşıyordu. Ancak en önemli görevi yaşam belirtisi aramaktı. Çalışma sırasında araçtaki kol ile Mars toprağından örnek alınıyordu. Örnekler organik molekül dedektörü içine konuyor, yaşam olup olmadığının anlaşılması için nem ve besin ilave edildikten sonra kimyalarındaki değişiklikler kaydediliyordu. Bazı değişiklikler meydana geldi ancak bilim insanları bunun organizmalar nedeniyle olmadığını düşünüyor.

Viking uzay araçları tarafından Dünya'ya gönderilen görüntüler Mars'ın soğuk, kuru ve cansız bir gezegen olduğunu gösterdi. Gökyüzü atmosfere yayılmış kırmızı tozlar yüzünden pembe görünüyordu.

HAVACILIK VE UZAY

Bu sırada NASA, *Rangers* isimli Ay sondaları serisini geliştiriyordu. *Rangers* Ay yüzeyine çarpacak ve Ay'a insan götürecek *Apollo* yolculuklarının hazırlıkları için Dünya'ya resimler ve diğer veriler gönderecek şekilde tasarlanmıştı.

Venüs ve Mars yolculukları

Dünya dört küçük ve kayalık iç gezegenden biridir. Diğer üçü Merkür, Venüs ve Mars, uzaydaki en yakın komşularımızdır, uzay araştırmalarının da bir sonraki hedefleridir. NASA'nın *Mariner* uzay araçları 1960 ile 1970'lerde bu gezegenlerin yörüngelerine giren ilk sondalar arasındaydı.

1980'lerde NASA komşu gezegenleri daha yakından incelemek üzere uzay araçları tasarladı. Bundan önce çoğu sonda, yüksek hızlı, diğer gezegenlerin ve uydularının anlık görüntülerini alabilen "yakın uçuş" araçlarıyla sınırlıydı. Oysa aylarca veri toplamak için gezegenin yörüngesine girmek hatta yüzeyine inmek gerekir.

NASA'nın *Magellan* yörünge aracı 1990'dan itibaren Venüs'ün etrafında üç yıl geçirdi. Kalın bulutların arasından gezegenin haritasını çıkarmak için uzaktan algılama uyduları tarafından kullanılan bir radar teçhizatı taşıyordu. Bilim insanları toplanan bilgileri kullanarak

Opportunity (Fırsat) adlı yer aracı, kardeş sonda Spirit, Mars'a indikten kısa bir süre sonra, 2004'te gezegenin diğer tarafına indi. Sondalar güneş panelleriyle çalışıyordu. Spirit beş yıldan fazla faaliyet gösterdi, Opportunity ise hâlâ çalışıyor ve kızıl gezegeni keşfediyor.

Venüs'ün 1990 ile 1994 yılları arasında Magellan sondası tarafından çizilen yüzey haritası. Sonda daha sonra yörünge dışına çıktı, parçalanarak gezegenin yüzeyine çarptı.

gezegenin yüzeyinin ayrıntılı haritalarını elde etmeyi başardı.

1997'de Mars *Pathfinder* yolculukları kapsamında *Sojourner* adı verilen küçük yer aracı "kızıl gezegen" Mars'a indi. Güneş enerjisiyle çalışıyordu ve altı tekerlekliydi. Araç, düşmenin etkisini hafifletmek için atmosfere girdiğinde şişen büyük hava yastıklarıyla sarılı olarak yüzeye indirilmişti. 2003 yılı Aralık ayında *Spirit* isimli daha büyük bir sonda aynı sistemi kullanarak Mars'a indi. Benzer yer aracı *Opportunity*, birkaç hafta sonra, 2004 başında iniş yaptı.

Kameralar
Radyo vericisi
Güneş panelleri
Metal tekerlek

55

BAŞKA DÜNYALARI KEŞFETMEK

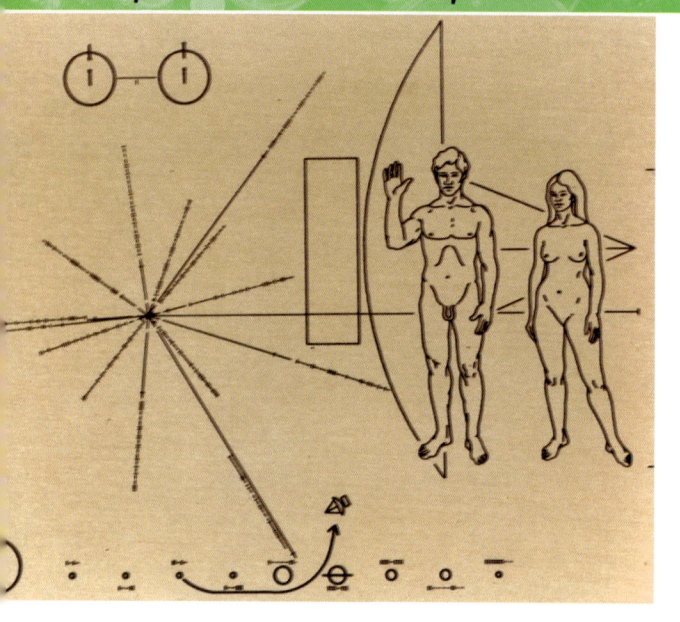

Komutlar Mars yer araçlarına NASA kontrol merkezinden radyo kanalıyla gönderiliyordu. İletişim gecikmeleri yüzünden tüm işlemlerin dikkatle planlanması gerekiyordu. Yer araçları Mars yüzeyinin ayrıntılı resimlerini Dünya'ya gönderiyor, üzerlerindeki otomatik laboratuvarları kullanarak Mars toprağındaki kimyasalları analiz ediyordu.

2008'de *Phoenix* sondası Mars'a yumuşak bir iniş yaptı. Güvenli iniş için aracı yavaşlatmak üzere önceden programlandığı şekilde paraşütü açılmış, yavaşlatma roketleri ateşlenmişti. *Phoenix*'te toprağı kazmak için bir kürek bulunuyordu. Araştırma aracı, donmuş su içeren öbekler bularak Mars'ın sanıldığı kadar kuru olmadığını gösterdi.

Dış gezegenlere yolculuk

Dış gezegenlerin yolu 1970'lerde NASA tarafından fırlatılan *Pioneer* (Öncü) ve *Voyager* (Gezgin) sondaları tarafından açıldı. Jüpiter'i ziyaret eden ilk sonda *Pioneer 10*, gezegene 1973'te ulaştı.

Voyager ve *Pioneer* sondalarına birer levha konmuştu. Levhalar dünya dışı bir uygarlık tarafından bulunma ihtimali düşünülerek bu araçların kimin tarafından yapıldığını ve nereden geldiğini gösteriyordu. Ayrıca *Voyager*'da içinde hayvan, rüzgâr ve okyanus sesleri, 90 dakika müzik ve 55 dilde selamlama sözleri bulunan altın bir CD vardı.

PIONEER VE VOYAGER

Pioneer 10 ve *11* daha önce Güneş'i incelemek için kullanılan *Pioneer* sondalarının değiştirilmiş sürümleridir. Düşük maliyetli bu proje Güneş Sistemi'nin Mars ötesindeki koşullarını araştırmak için tasarlandı. Sondalar Dünya'dan kontrol ediliyordu ve dengeli uçuş için sürekli dönmeleri sağlanmıştı. *Voyager 1* ve *2*, *Pioneer* sondalarından daha ağır ve karmaşıktı. *Mariner* sondalarını temel alan bu araçların denge ve kontrolleri taşıdıkları bilgisayarla sağlanıyordu çünkü araçlar uzaktan kumanda edilemeyecek kadar uzaktaydı. Geniş açı ve yakın çekim yapabilen kameralar dâhil tüm aygıtlar istenen yöne çevrilebilen bir gövdeye takılmıştı. Güneş ışığı Mars ötesinde çok zayıf olduğundan güneş panelleri kullanılamıyordu. *Pioneer* ve *Voyager* elektrik enerjilerini nükleer jeneratörlerden sağlıyordu.

Voyager sondası

Pioneer sondası

HAVACILIK VE UZAY

SATÜRN'ÜN UYDUSUNA İNİŞ

Cassini-Huygens'in Satürn yolculuğu Florida'daki Cape Canaveral üssünden 1997'de başladı. Yolculuk NASA ve Avrupa Uzay Ajansı'nın (ESA) ortak girişimiydi. Uzay aracı Venüs etrafında bir yay çizerek 2000 yılı sonunda Jüpiter'i geride bıraktı. Nükleer enerjiyle çalışan sonda 2004'te Satürn Sistemi'ne ulaştı hatta halkaları arasından geçti. Yolculuk ismini 17. yüzyılda Satürn'ün halkaları ile uydularını ilk tanımlayan bilim insanları Fransız Giovanni Domenico Cassini ve Hollandalı Christiaan Huygens'den alıyordu. 2005'te *Huygens* iniş aracı Satürn'ün en büyük uydusu Titan'ın yüzeyine indiğinde, donmuş metan ve benzin benzeri kimyasal madde okyanuslarıyla kaplı bir dünyayla karşılaştı.

Huygens iniş aracı Titan'a alçak uçuş yapan ve gezegenin yakınında üç hafta uçan Cassini yörünge aracı tarafından bırakıldı. İniş aracı ise yüzeye paraşütle ulaştı.

Pioneer 11 bir yıl sonra Jüpiter'i geçti, gezegenin yerçekimini kullanarak Satürn'e doğru yol aldı ve 1979'da gezegene ulaştı. *Voyager 1*, 1979'da Jüpiter'e, 1980'de de Satürn'e ulaşarak aynı yolculuğu tekrarladı. *Voyager 2*, gaz devi olan Jüpiter, Satürn, Uranüs ve Neptün gezegenlerinin nadir bir şekilde sıraya dizilişinden yararlanarak sırayla hepsini ziyaret etti. Her iki *Voyager* da kamera taşıyordu ve karşılaştıkları gezegenlerin ve uydularının harika görüntülerini Dünya'ya gönderiyordu.

1995'te Jüpiter'e ulaşan *Galileo* sondası iki bölümden oluşuyordu. Yörünge aracı gezegenin ve uydularının haritasını çıkarırken inceleme aracı da Jüpiter'in atmosferine inerek basınç ve ısı yüzünden yok olmadan önce Dünya'ya veri gönderdi.

BİLİYOR MUYDUNUZ?

Bu tabloda, Güneş Sistemi'nin sekiz gezegeninin ve cüce gezegen Plüton'un Güneş'e olan uzaklıkları veriliyor.

Merkür	58 milyon km
Venüs	108 milyon km
Dünya	150 milyon km
Mars	228 milyon km
Jüpiter	778 milyon km
Satürn	1427 milyon km
Uranüs	2870 milyon km
Neptün	4497 milyon km
Plüton	5900 milyon km

BAŞKA DÜNYALARI KEŞFETMEK

BİLİMSEL İLKELER

İyon motorları

Tüm roketler aynı ilkelerle çalışır: Maddeyi bir yönden dışarı atar, bu hareket de roketi ters yönde iter. Kimyasal roketler dışarı sıcak egzoz gazları atarken iyon roketleri iyon akımı püskürtür. İyon motorları diğer roketlere göre çok daha az itki kuvveti sağlar. Bu nedenle bir uzay aracının Dünya'dan iyon motoruyla uzaya fırlatılması mümkün değildir. Ancak iyon motorları, yakıt verimlilikleri yüksek olduğundan uzun yolculuklar için çok uygundur.

İyon roket motorları ısıtma bobinlerine ve diğer parçalarına güç sağlamak için güneş panelleri tarafından üretilen enerjiyi kullanır. Isıtma bobinleri yakıtı gaza çevirir.

Yakıt tankında sıvı hâlde depolanan ksenon gazı *Deep Space 1* uzay aracının kullandığı yakıttır. Sıcak metal ızgara, parçaladığı gaz atomlarını pozitif yükle yükleyerek iyona dönüştürür. İyonlar bir akış oluşturacak şekilde yönlendirilir ve elektrikli alandan geçirilerek roketten atılır.

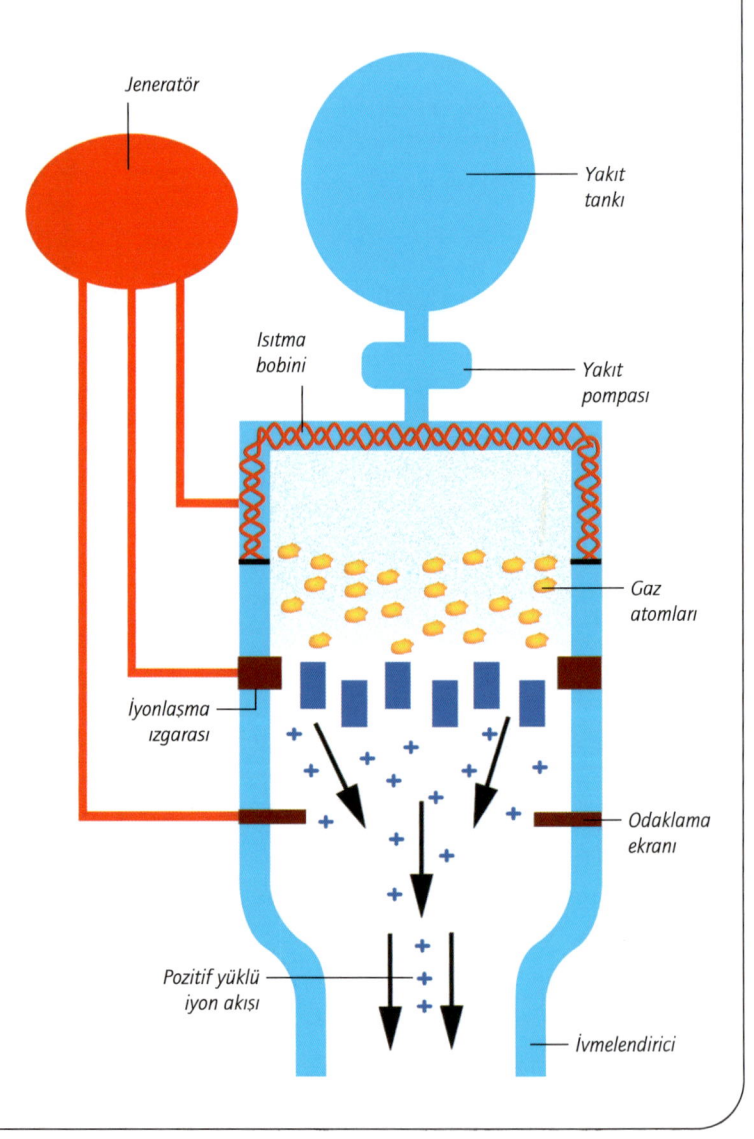

İyon motoruyla çalıştırılan Deep Space 1 uzay sondası 2001'de Borrelly Kuyrukluyıldızı'nı ziyaret etmeden önce, 1999'da 9969 Braille asteroidine alçak uçuş yaptı.

HAVACILIK VE UZAY

Diğer yolculuklar

2001'de *NEAR Shoemaker* Dünya'ya yakın bir yörüngede dolaşan Eros adlı devasa kayaya inerek bir asteroide iniş yapan ilk uzay aracı oldu. 2006'da Güneş Sistemi'nin dışında kalan alanı araştırmak üzere *New Horizons*'un (Yeni Ufuklar) yolculuğu başladı. 2010'da Japonya'nın *Hayabusa* sondası incelenmek üzere Dünya'ya Itokawa asteroidinden toz getirdi.

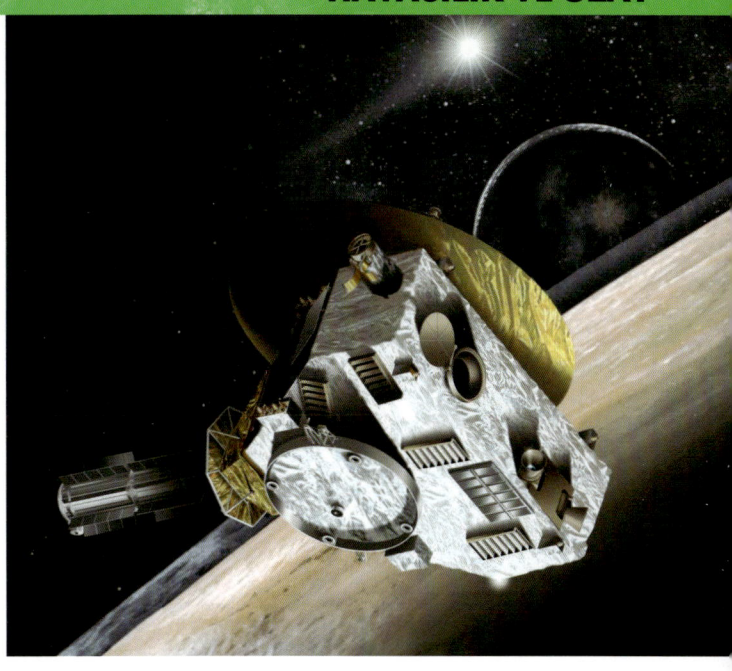

New Horizons 2015'te Plüton ve uydularını ziyaret ettikten sonra buz kütleleriyle dolu bir bölge olan Kuiper Kuşağı'na seyahat edebilir. Birçok kuyrukluyıldız bu bölgeden geliyor.

KUYRUKLUYILDIZ SONDASI

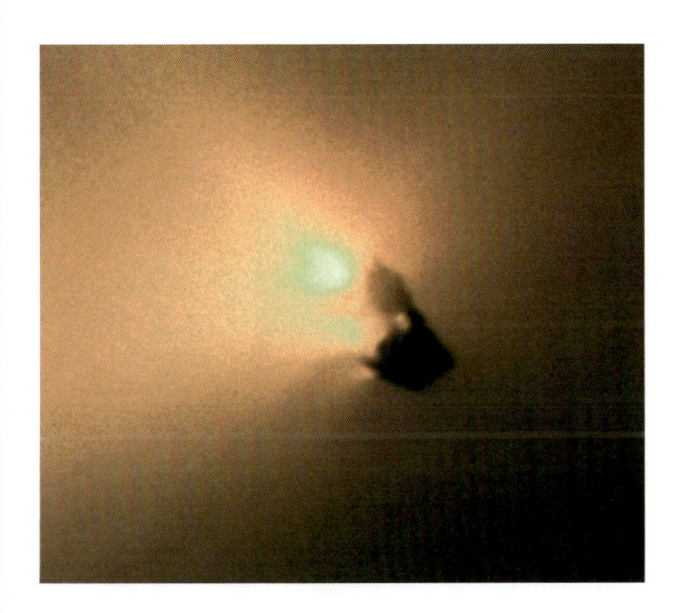

1986'da Dünya'nın yakınlarından geçen Halley Kuyrukluyıldızı'nı incelemek üzere büyük bir uluslararası heyet kuruldu. Halley Kuyrukluyıldızı Dünya'yı sık (yaklaşık 76 yılda bir) ziyaret eden tek parlak kuyrukluyıldız olduğu için yapılacak yolculukları önceden planlamak mümkündür. Avrupa Uzay Ajansı'nın *Giotto* sondası (solda) bir kamera ve çeşitli araştırma aygıtları taşıyarak kuyrukluyıldızın çekirdeğinin birkaç yüz kilometre yakınında uçtu. Uzay aracının tabanı kurşun geçirmez yelek imalatında da kullanılan ve son derece güçlü bir plastik olan kevlardan yapılma kalın bir kalkanla kaplıydı. Bu kalkan, kuyrukluyıldızın Güneş'le etkileşiminden doğan toz bulutuna giren sondayı koruyordu. *Giotto*'da, güneş panelinin hasar görmesi ihtimaline karşı, yapılacak deneyler için gerekli elektriği sağlayan bataryalar vardı.

Giotto, Halley Kuyrukluyıldızı'nın çekirdeğinden ilk yakın çekim fotoğrafları gönderdi. Fotoğraf, 11 km genişliğindeki buz topundan püsküren sıcak gazlardan ve plazmadan oluşan duman bulutunu gösteriyor.

DÖNÜM NOKTALARI

1783 Marquis d'Arlandes ve François Pilatre de Rozier, Montgolfier Kardeşler tarafından yapılan sıcak hava balonuyla Paris üzerinde 9 km uçarak "ilk havacılar" unvanına sahip oldu.

1783 Montgolfier'in uçuşundan birkaç ay sonra, bir diğer Fransız Jacques-Alexandre Charles ilk hidrojen balonuyla yaklaşık 1,6 km yükseklikte uçtu.

1804 Sir George Cayley çalışan ilk sabit kanatlı uçağı yaptı.

1852 Fransız Henri Giffard buhar motoruyla çalışan ilk hava gemisini yaptı.

1853 George Cayley tarafından yapılan tam ölçekli planör, kısa uçuşunda bir kişi taşıdı.

1896 Otto Lillienthal planör kazasında hayatını kaybetti.

1903 Bisiklet ustaları Wilbur ve Orville Wright motorlu bir uçakla dünyanın ilk kontrollü uçuşunu başarıyla tamamladı.

1903 Öğretmen Konstantin Çiolkovski uzaya gitmek için roket kullanmayı önerdi.

1907 Louis Blériot tek kanatlı uçağı icat etti. Uçağıyla Manş Denizi'ni geçti.

1910 Romanyalı mühendis Henri Coanda hava jetiyle çalışan ilk uçağı yaptı. Uçak uçurulamadı.

1912 Amerikalı Glenn Curtiss ilk uçan tekne *Flying Fish*'i (Uçan Balık) yaptı.

1919 İngiliz havacılar John Alcock ile Arthur Brown çift kanatlı bir uçakla Atlantik Okyanusu'nu geçti.

1929 Robert Goddard sıvı yakıtlı ilk roketi fırlattı.

1929 İlk dünya turu uçuşu *Graf Zeppelin* adlı hava gemisiyle 21 günden biraz fazla bir sürede yapıldı.

1930 Frank Whittle jet motorunun patentini aldı.

1933 Boeing ilk modern yolcu uçağı *247*'yi tasarladı.

1937 *Hindenburg* adlı hidrojenli hava gemisi New Jersey'de patladı ve yolcuların çoğu hayatını kaybetti. Bu olaydan sonra hava gemileri nadiren kullanıldı.

1939 İlk jet motorlu uçak *Heinkel He-178* uçtu.

1939 İlk helikopter, mühendis Igor Sikorsky tarafından ABD'de uçuruldu.

1947 Chuck Yeager, *Bell X-1* uçağını kullanarak ses duvarını aşan ilk kişi oldu.

1954 *Convair XFY-1 Pogo Stick* dikey olarak ve kısa mesafede kalkış ve iniş yapabilen (V/STOL) ilk uçak oldu, bunu "sıçrayan jet" *Harrier* ve *V-22 Osprey* izledi.

1957 İlk yapay uydu *Sputnik I* Sovyetler Birliği tarafından fırlatıldı.

1961 Sovyetler Birliği yolcu taşıyan ilk uzay aracını fırlattı; araçta astronot Yuri Gagarin vardı. Birkaç hafta sonra da Amerikalı Alan Shepard uzaya gönderildi.

1962 İlk haberleşme uydusu *Telstar* fırlatıldı.

1962 *X-15* roket uçağı Mach 5'te, yani sesten beş kat hızlı uçtu.

1969 NASA Ay'a mürettebatlı ilk yolculuğu başarıyla gerçekleştiren *Apollo 11*'i fırlattı.

1971 *Mariner 9* başka bir gezegenin etrafında yörüngeye giren ilk uzay aracı oldu.

1976 *Lockheed SR-71* Mach 3'ten daha hızlı uçarak en hızlı jet motorlu uçak oldu.

1983 "Hayalet" avcı uçağı *F-117 Nighthawk*, Lockheed firması tarafından üretildi.

1989 *Voyager II* Güneş Sistemi'nin en dıştaki gezegeni Neptün'ün yakınından geçti.

1998 Uluslararası Uzay İstasyonu'nun (ISS) yapımına başlandı.

2001 Uzaya ilk turist ziyareti gerçekleşti. Amerikalı Dennis Tito ISS'te 9 gün geçirmek için 20 milyon dolar ödedi.

2004 *SpaceShipOne* 14 gün içinde iki kez uzaya giden ve tekrar kullanılabilen ilk uzay aracı oldu. Benzer bir aracın uzaya turist taşıması planlanıyor.

2004 *Oppotunity* yer aracı Mars'a indi.

2010 Japonya'nın *Hayabusa* uzay sondası Dünya'ya asteroit tozu getiren ilk araç oldu.

SÖZLÜK

aerodinamik Bir akışkan (örneğin hava) içinde etkin biçimde hareket edebilen. Aerodinamik nesneler sürükleme kuvvetini azaltacak şekilde tasarlanır.

aerodinamik profil Hava içinde hareket ettiğinde hem kaldırma kuvveti hem de sürükleme kuvveti oluşturan, bir tarafı eğimli diğer tarafı düz olarak şekillendirilmiş yüzey. Uçak kanatları ve pervaneler, aerodinamik profil örnekleridir.

Antik Yunan Günümüzde Yunanistan ve Türkiye sınırlarında yer alan anakara ve adalarda MÖ 2000 ile 300 yılları arasında yaşamış olan uygarlık.

asteroit Güneş yörüngesindeki uzay kayası. Güneş Sistemi'ndeki çoğu asteroit Mars ile Jüpiter'in yörüngeleri arasında yer alan Asteroit Kuşağı'nda bulunur.

atom Maddenin en küçük yapıtaşı.

güneş panelleri Güneş ışığını elektrik enerjisine dönüştürmek için kullanılan güneş hücresi topluluğu. Uzay araçlarında elektrik sağlamak için kullanılır.

Güneş Sistemi Güneş ve yörüngesindeki Dünya dahil sekiz gezegen ile cüce gezegen, asteroit ve kuyruklu yıldız gibi diğer gökcisimlerinin oluşturduğu topluluk.

hidrojen Havadan hafif, son derece yanıcı bir gaz. Saf hidrojen dünya üzerinde nadir bulunur. Su moleküllerinin hidrojen ve oksijen gazlarına ayrıştırılmasıyla elde edilir.

içten yanmalı motor Benzin veya dizel yakıtlı otomobillerde ve kamyonlarda kullanılan motor sistemi. Pervaneli uçaklar içten yanmalı büyük motorlar kullanır.

insansız hava aracı Yolcu veya mürettebatı olmayan, yerdeki bir pilot tarafından uçurulan uçak.

irtifa Bir uçağın veya uzay aracının deniz seviyesinden yüksekliği.

katı yakıtlı roket Hem yakıtın hem de yükseltgenin katı olduğu roket. Katı yakıtlı roketler itki kuvveti sağlamak üzere tutuşturulan itici gaz karışımıyla dolu, basit metal borulardır. Katı yakıtlı roketler sıvı yakıtlı roketlerden daha az karmaşıktır ama kontrol edilmeleri daha zordur.

Kore Savaşı (1950-1953) Kuzey Kore'nin Güney Kore'yi işgal ettiği savaş. ABD önderliğindeki Birleşmiş Milletler koalisyonu Güney Kore'yi, Sovyetler Birliği ve komünist Çin Kuzey Kore'yi desteklemiştir. Savaşın sonucu belirsiz kalmıştır. Sıcak çatışma nadiren yaşansa da iki ülke birbiriyle teknik olarak hâlâ savaş hâlindedir.

kütleçekimi İki kütleyi birbirine çeken doğal kuvvet. Nesneleri Dünya'nın yüzeyine doğru çeken yerçekimi de bir kütleçekim kuvvetidir. Kütleçekiminin, gezegenleri Güneş etrafındaki yörüngelerinde tutmak gibi pek çok etkisi vardır.

Mach 1 Mevcut koşullar altında sesin hava içindeki hızı. Bu hız havanın sıcaklığına ve basıncına göre değişir, bu yüzden Mach 1 kesin bir rakam değildir. Mach 2, Mach 1 hızının iki katıdır. Numaralandırma sistemi, ismini Alman bilim insanı Ernst Mach'tan (1838-1916) almıştır.

ramjet Türbini olmayan, önden giren hava akımıyla yanan yakıtın çıkardığı egzoz gazları sayesinde itki kuvveti üreten jet motoru. Ramjetler çok yüksek hızlarda daha iyi çalışır.

sıfır kütleçekimi Uzaydaki ağırlıksızlığı tanımlamak için kullanılan terim. Yerçekimi uzay aracı içindeki astronotlarla nesneleri hâlâ etkiler ancak bu etki fark edilemeyecek kadar küçüktür.

sıkıştırma Basınç uygulayarak daha sıkı hâle getirme.

sürükleme kuvveti Hava veya su gibi bir akışkanın içinde hareket eden nesnenin hareketine ters yönde oluşan kuvvet.

uçak gövdesi Uçağın pilot ve yolcu kabinini içeren ana bölümü. İlk uçaklarda gövde yalnızca bir iskeletten oluşuyordu. Günümüzde uçakların gövdesinde çok güçlü plastikler ve metaller kullanılıyor.

uydu Yıldız, gezegen ya da başka bir gökcisminin yörüngesinde dolaşan, doğal ya da yapay nesne.

uzaktan algılama Elektromanyetik radyasyon ölçümü. Uçakların ya da uyduların üzerine monte edilen uzaktan algılama cihazları genellikle Dünya yüzeyinden yansıyan elektromanyetik dalgaları tespit eder.

yanma Bir maddenin ateş alması. Motorlar yanma odalarındaki yakıtı yakar.

yıldızlararası Yıldız sistemleri arasındaki boşluğu ifade eder. Yıldızlararası uzayda gezegen ya da asteroit gibi büyük nesneler nadiren bulunur. Evrendeki en boş yerdir.

yoğunluk Birim hacimdeki madde miktarı. Bir avuç kurşun gibi, yoğunluğu fazla olan madde çok ağırdır. Aynı miktardaki düşük yoğunluğa sahip hidrojen ise çok daha hafiftir.

yörünge Uzayda bir nesnenin başka bir nesnenin etrafında dolanarak aldığı daire veya elips şeklindeki yol.

DİZİN

A
aerodinamik profil 13-15, 17, 19, 35
ağırlıksızlık 43, 48
Amerikan İç Savaşı, balonlar 7-8
Apache helikopteri 35
Apollo uzay yolculukları 44-45, 48, 51, 54, 55
Armstrong, Neil 44
Avrupa Uzay Ajansı 36, 49, 57, 59

B
B-2 Spirit 32
Bell X-1 23, 26, 28, 34
Boeing 21, 26, 31, 35

C
Cassini-Huygens aracı 57
Cayley, George 13-14
Charles, Jacques-Alexandre 8-9
Clarke, Arthur C. 41
Coanda, Henri 24
Concorde 32

Ç
çarpışmalar ve kazalar 14, 45, 55
çift kanatlı uçak 17, 18, 24
Çinlilerin buluşları 5, 15, 29, 36, 37, 49
Çiolkovski, Konstantin 37

D
de Havilland Comet 31
deniz uçağı 18, 20

E
en büyük uçak 20
Eurofighter Typhoon 22
Explorer 1 40-41, 51

F
F-117 Nighthawk 32-34
F-35 Lightning 34
Flyer I 15-16

G
Gagarin, Yuri 42
gaz 4-5, 7-12, 14, 24, 57-59
Gemini uzay yolculukları 42
Giffard, Henri 6
Glenn, John 42
Goddard, Robert Hutchings 23, 37
GPS 40
Graf Zeppelin hava gemisi 8, 11

H
hafif uçak 19
Halley Kuyrukluyıldızı 59
hava gemisi 6-12
hayalet uçak 32-34

helikopter 13, 29, 30, 31, 35
helyum 9, 11
hidrojen 7, 8, 9, 10, 11, 12, 37, 38, 39, 47
hidrojen balonu 7, 8
Hindenburg hava gemisi 10, 11

İ
içten yanmalı motor 7, 15
İkarus 13
İkinci Dünya Savaşı 19-20, 25-26, 28, 37, 39
ilk insanlı uçuş 6
insansız hava araçları 34
itki kuvveti 9, 17, 24, 26-27, 30, 37-39, 58

J
jet motoru 22-25, 27, 29, 31, 35
Jüpiter 57, 59

K
kaldırma kuvveti 9-11, 13-14, 16-17, 19, 22, 29, 35, 36, 49
kanatlar 4, 6, 8, 10, 13-20, 22, 27-29, 31, 36
keşif balonu 11
Korolev, Sergey 39
kütleçekimi 9, 17, 36, 43, 48, 53, 57

L
Leonardo da Vinci 13
Lillienthal, Otto 14
Lindbergh, Charles 19

M
Mariner uzay yolculukları 53-56
Mars 52-57
Merkür 42, 53, 55, 57
Messerschmitt 20-21, 23, 25
Montgolfier Kardeşler 5-6, 8-9

N
NASA 26, 40, 43-44, 46, 48-49, 51-57
Nazca uçuş teorisi 5

O
Oberth, Hermann 38-39
Opportunity ve *Spirit* yer araçları 24, 55

P
pervaneli motor 12-13, 15-16, 19, 21-22, 25, 27, 30, 34
Pioneer sondaları 56
planörler 13-5, 17
Plüton 59

R
R101 hava gemisi 10
roket uçak 23, 49

S
sabit kanatlı uçak 12
Satürn 44-45, 50, 57
Satürn V roketi 44-45
ses duvarı 26, 28
ses hızı 23, 28, 32
Shepard, Alan 42
sıcak hava balonları 4, 5, 6, 8, 11, 12
Sikorsky, Igor 29
SpaceShipOne 49
Spruce Goose 20
Sputnik 40, 41, 50, 52
sürükleme kuvveti 17-18, 22

T
turbofan 27, 30, 34
türbin 24, 27, 30

U
uçak gövdesi 13, 19, 22, 27, 33
uçurtmalar 5, 15
Uranüs 57
uzay çalışmaları yan ürünleri 46
uzay gemisi 46, 47, 49
uzay giysileri 43
uzay istasyonu 47, 48, 49
uzay turisti 49
uzay yarışı 40

V
Venüs 53, 55, 57
Viking sondaları 52, 54
von Braun, Wernher 23, 39
von Ohain, Hans 24
von Zeppelin, Ferdinand 8
Voyager sondaları 56, 57

W
Whittle, Frank 24, 25
Wright Kardeşler 14-16

Y
Yeager, Chuck 26, 31
yolcu uçakları 10, 21, 27, 31, 32, 34
yönlendirilebilen hava gemisi 6-8
yörüngeler 40-41, 53, 59

Z
zeplin hava gemileri 8, 10-11

Orijinal kitaba ilişkin

Yayın Yönetmeni: Lindsey Lowe
Editör: Tom Jackson
Sanat Yönetmeni: Jeni Child
Tasarım: Lynne Lennon
Çocuk Kitapları Sorumlusu: Anne O'Daly
Basım Sorumlusu: Alastair Gourlay

Görseller

Ön kapak: *Istock*
Arka kapak: *Shutterstock, Susan Fox*

Alamy: Interfoto 23; RIA Novosti 51üst; CORBIS: Roger Ressmeyer 59alt; ESA: 3; NASA: apod 57üst; DFRC 28; Earth 40üst; GRIN 26üst, 36, 42sol, 42sağ, 44sol, 51alt; History 26alt; HSF 48; Images 50, 55üst; JPL 52, 57üst, 58l; KSC 44sağ; Langley Research Center 54; NSSCD 53, 59üst; Public Domain: 5, 6, 24alt-sağ, 25üst, 29 inset; NASA 55alt, 56üst, 61alt, Towpilot 21; Shutterstock: 1, 13alt-sol; Graham Bloomfield 32alt-sağ, Steve Bower 4; Broukoid 52; Ivan Cholakov 32orta-sol; Margo Harrison 29; ibird 37; T.H. Klimmeck 31; Charles McCarthy 32üst-sol; Bas Rabeling 35; Dario Sabljak 46alt; Jennifer Scheer 46üst; Martin Smeets 22; John R Smith 30, 60alt; Michael Ransburg 19; Thinkstock: AbleStock 15; Hemera 40alt, 43; istockphoto 12, 18alt, 20, 61üst; Photos.com 7, 13üst-sağ, 14üst, 16, 18t, 60üst; Topfoto: Roger-Viollet 24sağ; The Granger Collection 25alt; ullsteinbild 8, 10; US Department of Defence: 34 & B, 49; Virgin Galactic: 49.

The Brown Reference Group Ltd. bu kitapta kullanılan resimlerin telif hakkı sahiplerine ulaşmak için elinden gelen gayreti göstermiştir. Yukarıda belirtilenler dışında hak sahipliği iddiasında bulunanların The Brown Reference Group Ltd. ile iletişime geçmeleri rica olunur.